拖拉机 动力换挡传动系虚拟试验体系构架技术

TUOLAJI DONGLI

HUANDANG CHUANDONGXI

XUNI SHIYAN TIXI GOUJIA JISHU

闫祥海 著

中国农业出版社
农村读物出版社
北京

前言

拖拉机是量大面广的重要农业动力装备，《中国制造2025》及《农机装备发展行动方案（2016—2025）》对拖拉机产品创新发展提出了新要求：以智慧农业、精准农业为目标，以网络化、数字化、智能化技术为核心，拖拉机新产品向大功率、高速、低耗、智能方向和高效复式的现代作业方式发展。

动力换挡传动系（简称PST）是拖拉机的关键动力传动部件，集成了机械、电子、液压、控制、测试等先进技术，是机电液一体化的技术密集产品。PST以电子控制单元（简称TCU）为核心，根据最佳换挡规律，通过换挡执行机构对换挡离合器分离/接合进行控制，实现了动力不中断的自动换挡控制，被广泛应用于大功率拖拉机，使拖拉机的动力性、经济性、舒适性、安全性及作业效率得到了显著提高。

试验验证作为先进产品开发研制的重要技术之一，贯穿于产品需求分析、设计、研制、使用等全生命周期。虚拟试验将计算机仿真技术、测控技术、通信技术结合，为产品的性能试验、指标考核、品质评价提供了试验新技术，将试验环境、试验系统和试验产品转换为数字化模型，测试参数的修改、控制策略的优化、试验过程的控制等在计算机上运行，消耗少、周期短、零排放，可为产品创新设计提供有效的先验指导。

为提高PST虚拟试验的系统可扩展性、模型重用性、模型互操作性及实时性，设计了基于体系架构的PST虚拟试验系统。通过研究PST虚拟试验关键技术，研发了涵盖模型构建、试验设计、试验运行、试验管理及试验结果评价功能的虚拟试验支撑平台，对开展拖拉机PST性能试验验证奠定了基础。

利用架构的虚拟试验系统，对PST电控单元性能、换挡离合器接合规律、起步品质和换挡品质进行了虚拟试验，虚拟试验与台架试验结果具有高度一致性，证明了PST虚拟试验系统的有效性。研发的虚拟试验系统具有可扩展、模型重用、模型互操作及实时的优势，为拖拉机新产品的开发验证提供了新的方法与技术。

目录

第1章 通用系统建模及仿真技术

通用建模方法是指基于系统耦合理论，遵守数据表达、推理机制及知识语义一致性原则构建系统模型的方法。复杂机械系统是由机械、液压和控制等子系统组成的集成系统。系统的整体性能与各子系统性能之间具有复杂的非线性约束耦合关系，采用单一领域的建模软件对各子系统进行建模仿真分析，难以满足对系统整体性能的评估要求，因而复杂机械系统开发难度大，研制费用高、周期长。

目前，复杂机械系统建模与仿真方法有多种，本章以基于统一建模语言的建模方法和基于本体的建模方法为例，重点介绍通用的系统建模及仿真技术。

1.1 产品数据交换标准

1.1.1 STEP 的基本原理及构成

产品数据交换标准（Standard for the Exchange of Product Model Data，简称 STEP）是一个计算机可读的关于产品数据的描述和交换标准，提供了一种独立于任何一个 CAX 系统的中性机制，描述经历整个产品生命周期的产品数据。STEP 已成为 ISO 国际标准（ISO 10303），是一个计算机可理解的表达与交换的产品数据国际标准。STEP 通过统一规范数字化产品信息交换机制，解决了产品计算机辅助设计（Computer Aided Design，简称 CAD）与计算机辅助制造（Computer Aided Manufacture，简称 CAM）之间数据交换的问题。CATIA、UG、Pro/E 等 CAD 软件均支持 STEP，可实现不同软件之间数据动态交换。

STEP 提供一种不依赖于特定系统的中立机制，可建立一个完整的、语义一致的产品数据模型。该模型包括产品的整个生命周期，从而满足产品生命周期各个阶段对产品信息的不同需求，保证对产品信息理解的一致性。STEP 支持完整的产品数据模型。除了几何信息，还支持全面的非几何数据，如性能、公差规格、材料特性和表面处理规格。其原理是采用 EXPRESS 建模语言描述的中性文件机制来表达产品生命周期中信息定义和数据交换的外部描述。这样，产品的数据表达就脱离了数据交换的实现方式。这种中性文件格式是一种明确的表达格式，可被计算机解释。

STEP 架构分为 3 层：应用层、逻辑层和物理层。3 层组织架构在形式上类似于数据库的外部模型、概念模型和内部模型的 3 层模型结构。STEP 是一个内容庞大的标准，由描述方法、实现方法、集成资源、应用协议、一致性测试、抽象测试 6 部分组成。各部分之间的关系和范围如图 1-1 所示。其中，每一部分又包括若干部分（Part）。

有关设计制造方面的 STEP 应用协议（Application Protocol，简称 AP）有 38 个

1

（AP201～AP238）。其中，与机械制造方面有关的 STEP 应用协议主要有 AP203（几何定义）、AP214（面向汽车设计全过程的定义）、AP219（用于公差定义）、AP224（用于特征描述）、AP238（用于数控加工）等。

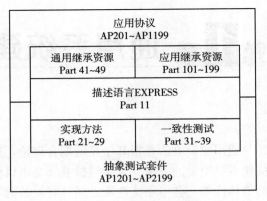

图 1-1　STEP 体系结构图

1.1.2　EXPRESS 和中性文件结构

EXPRESS 是一种表达产品数据的标准化数据建模语言，定义在 ISO 10303 - 11 中。EXPRESS 是可以描述三维实体复杂性的语言。它可以描述任何产品信息的结构以及它们之间的约束关系。因此，使用 EXPRESS 可以将 STEP 扩展到任何应用领域。EXPRESS 数据模型主要通过 Schema 来表示。模式的基本元素是字符集、注释、符号、保留字、标识符和文本。详细描述的信息模型由一种或多种模式组成。EXPRESS 本身并没有指定从 EXPRESS 数据模型生成实体实例的机制。STEP 的第 21 部分定义了中性文件格式和从 EXPRESS 描述到中性文件的映射规则。

STEP 中性文件主要是由头部段（Header Section）和数据段（Data Section）2 个部分构成。

头部段包含了整个交换文件的信息，在文件中必须而且只出现一次。STEP 头部段提供了 3 个标准实体。

（1）文件描述（File Discription）　文件描述实体的属性包括文件内容的说明和后置处理的实施级别。

（2）文件名（File Name）　文件名实体的属性包括文件名、建立文件的同期、作者姓名、单位、预处理器版本和文件审核人等。

（3）文件模式（File Schema）　文件模式实体描述了数据段实体所引用的应用协议。

数据段主要包括转换文件产品的数据信息，是 STEP 文件的核心部分。部分数据段实例如下。

```
#53 = CYLINDRICAL _ SURFACE ("，#52，2.5E1)；
#54 = ORJENTED _ EDGE ("，*，*，#42，.F.)；
#56 = ORIENTED EDGE ("，*，*，#55，.T.)。
```

以 #53 = CYLINDRICAL _ SURFACE ("，#52，2.5E1) 为例，说明各个组成部分的含义。其中，#53 表示实体标识符（Instance identifier），简称 ID；CYLINDRICAL _ SURFACE 为实体关键字；括号内的为实体的属性，" 表示实体属性内的空字符串；#52 为 #53 实体属性的下级实体标识符，则 #52 所标识的实体即为 CYLINDRICAL _ SURFACE 实体的下级实体；2.5E1 为具体的属性值，2.5E1 用十进制表示为数字 20。

1.1.3　STEP 中性文件的 XML 转换

可扩展标记语言（eXtensible Markup Language，简称 XML）描述了系统间数据和数据结构的传输，常用于网络异构系统之间的数据传输，可以存储任何文本。STEP 和 XML 的结合解决了异地异构系统间的数据传输，系统重用性、扩展性增强。XML 具有可扩展性、自描述性和平台无关性等特点，可以通过简单对象访问协议（Simple Object Access Protocol，简称 SOAP）实现在 Web 上轻松的传输，能够很方便地对产品信息进行分层次的描述和网络传输。XML 技术的出现及应用，为实现异构系统间信息数据交换与集成提供了有效途径。ISO 10303-28（Part 28 Edition 2）标准采用 XML 语法对 EXPRESS 驱动数据进行分析，规定了模型转换的相关标准，为建立 XML 与 STEP 的映射模型提供了很好的理论基础。因此，可通过 STEP/XML 映射转换，将 STEP 序列化为 XML，并经由 SOAP（基于 XML 的简易协议）消息进行 Web 服务方式的访问，来实现 CAD、CAM 等产品数据的信息交换与共享。

在 STEP/XML 映射转换过程中，STEP/XML 映射的关键是将 STEP 的 EXPRESS 表示模型转换为 XML 的文档类型定义（DTD）或 Schema 表示模型。由于 Schema 表示模型与 XML 采用统一的语法格式表示，因此内置了大量的数据类型和命名空间，具有良好的层次结构和可扩展性，克服了 DTD 表示模型的许多特定约束。

EXPRESS 到 XML 的映射是解决 STEP 文件向 XML 转换的基础。要实现对 STEP 中性文件的数据内容在 Internet 的描述和传递，还需分析 STEP Part21 中性物理文件格式的结构，并根据 EXPRESS 与 XML 模式匹配的关系，实现对中性文件的 XML 描述，其具体的实现流程如图 1-2 所示。

①装载 STEP 格式的 STEP Part21 中性物理文件，以行为单位进行分离并存储到内存中，经过词法分析识别出文件中的最小语义单元；②对其进行语法分析和语义分析，从 EXPRESS Schema 中找到与语法分析中的实体类型相匹配的语句单元，并对其进行识别和语句所属类型的断定，通过应用协议库的检索，来语义解析句子中每个单词的涵义和单词之间的层次关系；③进行 STEP 数据信息提取，利用 EXPRESS 与 XML 之间模式映射关系，对 STEP Part21 中性物理文件中的全部语句单元进行翻译和转换，实现 STEP 中性物理文件的 XML 转换。生成的 XML 文件既可以引用可扩展样式表语言转换（eXtensible Stylesheet Language Transformation，简称 XSLT）样式接口转换为可

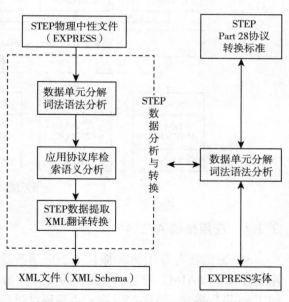

图 1-2 STEP 文件的 XML 转换流程

视化文档，通过浏览器以多种方式显示给用户，又可以通过文档对象模型（document object model，简称 DOM）对 XML 文件进行树型结构化与描述，实现与其他应用系统的通信交互，还可以通过映射接口实现与数据库信息的交互（包括 Oracle、SQL Server、DB2 等都提供对 XML 数据格式的支持）。同时，由于 XML 和数据库良好的集成度，利用 STEP/XML 转换机制不但可以实现从 STEP 文件到 XML 的转换，也可以把 XML 文件转换为

STEP 产品数据模型。

通过 STEP/XML 转换可以有效解决异构平台数据交换的问题，实现基于 XML 的 STEP 中性文件表达的通用性、统一性和完整性，为应用系统间的信息共享与集成提供保障。CAD 系统的应用协议 AP203 或 AP214 文件、CAPP 系统的 AP224 文件、CNC 程序的 AP238 文件等都可通过 STEP/XML 映射为 XML 文件，通过 Web 服务描述语言（Web Services Description Language，简称 WSDL），并以 SOAP 消息的形式进行 Web 服务的访问，来实现制造信息的共享与交互。

同时，PDM 和 ERP 系统间的数据交换则通过前者生成的 XML 物料清单（Bill of Materiel，简称 BOM）来实现；企业资源计划（Enterprise Resource Planning，简称 ERP）、供应链关系管理（Supply Chain Management，简称 SCM）、客户关系管理（Customer Relationship Management，简称 CRM）等系统间由电子业务 XML（electronic business eXtensive Makeup Language，简称 ebXML）定义的规范来进行电子商务数据的交换，来实现各应用系统间的信息共享与集成。应用系统间的信息转换与集成如图 1-3 所示。

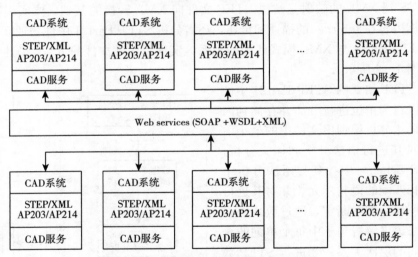

图 1-3 应用系统间的信息转换与集成

1.1.4 应用协议 AP214

STEP 的所有应用协议都是基于应用活动模型（AAM）、应用参考模型（ARM）和应用解释模型（AIM）建立的 3 级模型体系。分别使用 IDEF1X/EXPRE-SS、IDEF0 和 EXPRESS 进行描述。AP214（汽车机械设计过程的核心数据），全称是汽车机械设计过程的核心数据。1992 年由德国 STEP 中心（ProSTEP 公司）负责组织开发。世界上几乎所有的汽车制造商都参与了开发工作，并已被 ISO 组织接受为 STEP。AP214 是一个基于特征的汽车设计全流程应用协议，包括机械设计制造、工艺规划、产品管理等信息，可以支持产品全生命周期的信息需求，主要由应用范围和信息需求。

AP214 以汽车设计制造为目标，定义了与汽车产品开发过程相关的核心数据，覆盖了整个产品生命周期的数据模型。涉及的机械设计和制造过程包括总体设计、零件和装配设计、零件清单和物料清单、文件管理、数控编程、生产计划、制造过程、动力学和机械模拟、质量控制等。几乎涉及机械设计、规划、加工、管理等所有流程，代表了机械行业的最高水平，AP214 也适用于汽车以外的其他机械制造领域。目前流行的 UG、Pro/E、Solidwork 等 3D CAD 软件都支持 AP214。因此，AP214 被广泛使用。

AP214 是一个庞大的应用协议，在具体的应用过程中，参加数据交换的系统或应用程序并不需要使用完整的 AP214。因此，开发人员将 AP214 划分为面向具体应用的若干个功能单元（Unit Of Function，简称 UOF），每个功能单元又是由不同的功能模型组成的。这些功能单元分布在不同的一致性类（Conformance Classes，简称 CC）中。AP214 中共有 20 个一致性类，这些一致性类应用于不同的方面，如表 1-1 所示。20 个一致性类又是由不同的功能单元组成。AP214 中共有 34 个功能单元，主要涉及产品表达的外形尺寸、几何表达、尺寸公差和产品结构等方面。表 1-2 是 AP214 中 UOF 的逻辑分组。

表 1-1   AP214 一致性类列表

一致性类	主要应用
CC1	3D 组件设计形状表达
CC2	3D 组件组装设计表达
CC3	框架表面形状表示的组成绘图
CC4	框架表面实体形状表示的组装绘图
CC5	格式数据
CC6	除形状表达外的产品数据管理
CC7	3D 形状表达的产品数据管理
CC8	除形状表达外的结构控制设计
CC9	3D 形状表达的结构控制设计
CC10	外形表达及绘图数据的结构控制设计
CC11	部件设计过程
CC12	带有特征和公差数据组成的设计过程
CC13	装配设计过程的有效控制
CC14	基于特征的设计
CC15	带有特征定位的基于特征的设计
CC16	对于 3D 外形表达的组成和装配的运动学仿真
CC17	测量数据
CC18	3D 外形表达和运动学数据的组成和装配的结构控制过程设计
CC19	3D 外形表达的组成和装配的结构控制过程设计（包括特征和运动学数据）
CC20	数据存储及检索系统

表 1-2　AP214 中 UOF 逻辑分组

信息	简称	信息	简称
表面条件	C	绘图	D
外部参考	E	形状特征	FF
几何表达	G	运动学	K
测量数据	MD	特征表达	PR
表达数据	P	产品结构	S
公差	T	—	—

每个逻辑分组又是由不同的功能模型组成。例如"G"代表几何表达,组成它的功能模型有 G1、G2、G3、G4、G5、G6、G7、G8。它们分别代表了不同的涵义,具体涵义如表 1-3 所示。

表 1-3　AP214 "G" 功能单元中的功能模型

功能模型	表达涵义
G1	wireframe _ model _ 2d
G2	wireframe _ model _ 3d
G3	connected _ surface _ model
G4	faceted _ b _ rep _ model
G5	b _ rep _ model
G6	compound _ model
G7	csg _ model
G8	geometrically _ bound _ surface _ model

由于 AP214 是针对汽车行业制定的国际标准,它覆盖了机械行业的许多领域,对于机械产品的信息描述非常全面。

1.2　基于统一建模语言 UML 的建模方法

统一建模语言(United Modeling Language,简称 UML)是一种由一整套图表组成的标准化建模语言。图表类型分为结构性图表和行为性图表,结构性图表可表示系统在不同抽象层次和实现层次上的静态结构以及它们之间的相互关系。结构性图表有 7 种类型:类图、组件图、部署图、对象图、包图、复合结构图和轮廓图。行为性图表可表示系统中对象的动态行为,也可表达系统随时间的变化。行为性图表有 7 种类型:用例图、活动图、状态机图、序列图、通信图、交互概述图和时序图。

1.2.1　结构性图表

(1)类图　类图由类、包和它们之间的关系组成,用于描述系统的结构化设计。类由类名、属性及类的提供方法。类图的表示方法如图 1-4 所示。

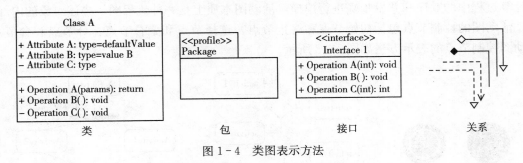

图 1-4　类图表示方法

（2）组件图　组件图表达组件与组件之间的关系，包括组件、接口和关系，是系统设计的模块。组件图的表示方法如图 1-5 所示。

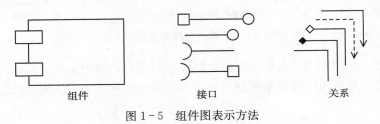

图 1-5　组件图表示方法

（3）部署图　部署图表达系统运行时的结构，一个系统模型只有一个部署图，用来辅助理解分布式系统，包括结点、结点实例、结点类型、物件、连接及结点容器。部署图的表示方法如图 1-6 所示。

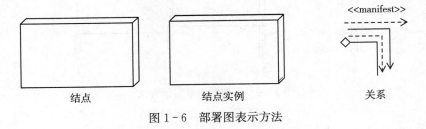

图 1-6　部署图表示方法

1.2.2　行为性图表

（1）用例图　用例图表达"用户、需求、系统功能单元"之间的关系，是一种外部用户可看到的系统功能模型图，包括参与者、用例、子系统、关系、项目及注释。用例图简单表示方法如图 1-7 所示。

图 1-7　用例图简单表示方法

（2）活动图　活动图表达活动的顺序，描述从一个活动到另一个活动的控制流，它可以对计算过程中的顺序和并发步骤进行建模，活动图本质上是一种流程图，描述对象的内部工作。活动图的控制节点包括初始节点和终止节点、选择节点和融合节点、分节点和合节点，活动图控制节点的表示方法如图 1-8 所示。

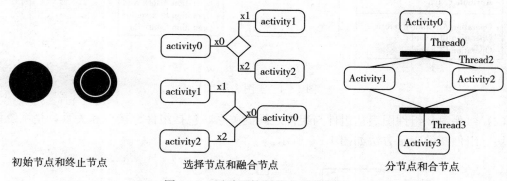

初始节点和终止节点　　　　　选择节点和融合节点　　　　　分节点和合节点

图 1-8　活动图控制节点表示方法

（3）序列图　序列图表达对象与对象之间的控制流程，图中从左到右画出对象，从上到下时间依序增加，序列图可以显示控制流程观念和时序流程观念。序列图的简单表示方法如图 1-9 所示。

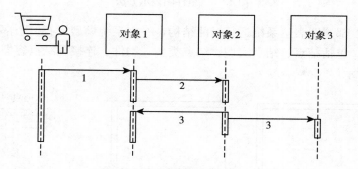

图 1-9　序列图简单表示方法

1.3 基于系统建模语言 SysML 建模方法

系统建模语言（Systems Modeling Language，SysML）常用于由数据、软硬件和人综合而成的复杂系统的结构说明、分析及校核，是近年来提出的系统体系结构设计的多用途建模语言。SysML 复用了 UML2.0 的相对成熟的表示法和语义，在一定程度上扩展了 UML2.0，SysML 也被定义为 UML2.0 外廓的通用建模语言。

1.3.1 SysML 的提出

SysML 起源于统一建模语言（Unified Modeling Language，简称 UML）。2000 年左右，国外学术界就探讨了定制 UML 满足系统工程需要的可能性，提出把 UML 的子集和编程语言 Ada95 的伪代码子集结合从而创建一种系统工程建模语言（Systems Engineering Modeling Language，SEML），逐渐在工程领域应用 UML 工具。后来，为了将 UML 转换成适合于系统工程的语言，OMG 和 INCOSE 发布了 UML 向系统工程扩展的提案请求，2003 年成立的 SysML 合作组响应于此。该组织汇集了众多工业界、政府界以及知名工具厂商的支持，经过 3 年的研究，定义了一种基于 UML2.0 的系统建模语言 SysML。UML 和 SysML 的关系如图 1-10 所示。

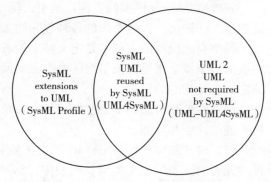

图 1-10　UML 和 SysML 的关系

SysML 是一种标准化建模语言，它能够支持各种复杂系统的详细说明、设计、分析、验证和确认，这些系统可能包括软硬件、过程、信息、人员和设备等。SysML 的定义包括 SysML 表示法和 SysML 语义 2 部分。SysML 的表示法定义了 SysML 符号的表示方法，为开发者或开发工具使用这些图形符号和文本语法进行系统建模提供了标准，在语义上它是 SysML 元模型的实例，而 SysML 的语义用于对现实世界进行抽象和描述。

1.3.2　SysML 的语义

SysML 为系统的需求模型、行为模型、参数模型和结构模型定义了语义。需求模型强调需求之间的追溯关系以及设计对需求的满足关系。行为模型强调系统中对象的行为，包括它们的活动、交互和状态历史。参数模型强调系统或部件的属性之间的约束关系。结构模型强调系统的层次以及对象之间的相互连接关系，包括类和装配。SysML 为模型表示法提供了完整的语义。

（1）元模型理论　SysML 的语义是基于 SysML 元模型的，SysML 的语义同时支持对元模型的扩展定义。在说明 SysML 的语义过程中，用元模型来说明建模概念的语义。元模型由构建模型、描述模型、自定义机制和为模型的实例化提供必要支持的元信息组成。简言之，元模型是用来描述模型的模型，定义了建模中可用的构造物及其性质。SysML 语言的结构是基于 4 层元模型结构：元模型、元-元模型、模型和用户对象。体系结构如表 1-4 所示。

表 1-4　SysML 元模型体系结构

层次	描述	举例
元-元模型	元模型结构的基础 定义元模型	MetaClass MetaOperation
元模型	元-元模型的实例 定义元模型描述语言的模型	Block、Ports and Flows、Rationale、Problem
模型	元模型的实例	实际应用领域的模型中的模块、属性、操作等
用户对象	模型的实例	系统工程中的对象结构及相互交互

元-元模型层是最高抽象层次，是定义元模型描述语言的模型，为定义元模型的各种机制和元素提供了最基本的概念。

元模型是元-元模型的实例，是定义模型描述语言的模型。元模型提供了模型元素的定义类型、标记值、表达系统的各种包和约束等。

模型是元模型的实例，是定义特定领域描述语言的模型。主要由 SysML 模型组成，这一级的每个概念都是元模型层的概念的实例，这一抽象层是用来形式化概念，并根据给定个体定义表达沟通的语言。

用户对象是模型的实例。任何复杂系统在用户看来都是相互通信的具体对象，目的是实现系统的性能和功能。

(2) 语言组织结构　SysML 语言扩展和重用了 UML 的许多包，使用的扩展机制包括模型元素的元类、定义类型和模型库。SysML 的用户模型是通过元类、实例化模型元素的定义类型以及构造模型库中类的子类来创建的。

SysML 的包结构包括符合扩展机制的 SysML 概念域的包的集合。复用 UML 的部分没有被扩展，它们被归入 UML4SysML 包中，包括交互、用例、状态机和外廓。一些 UML 包没有被重用，因为它们在系统工程中不需要；在 SysML 的活动包、辅助包和类包中增加了一些新的扩展；另外还增加了一些 UML 中没有的新包，如参数包、需求包等。

(3) 语言形式　形式化表示方法不仅提高了描述的正确性，而且还减少了描述的二义性和不一致性，一定程度上增强了描述的可读性。但是，语言的完全形式化是极其复杂的。因此，为了保持描述的清晰易懂，SysML 和 UML 一样在给出自身的语义说明时采用了半形式化的描述方法。

SysML 建立在元模型基础之上的。元模型本身在 SysML 中表达，是 SysML 的一个子集。它定义了 SysML 中的各种图，而用户借助 SysML 提供的表示法定义自己系统的元模型，这是一个循环解释的过程。SysML 模型不太精确，特别是用可视元素表示模型元素时，其语义解释不够准确。因此，为了保持描述的清晰易懂，在给出自身语义说明时和描述模型时都采用了半形式化的描述方法。这种半形式化的语义降低了 SysML 模型的精确性，给模型的自动分析和验证带来了困难。总的来说，SysML 的语义存在如下缺点：

①目前 SysML 没有提供一个对 SysML 模型推理的合理机制。

②元素的语法和语义导致不一致性和冗余，没有良好的模块性。

③系统设计的后期，无法要求所有的设计越来越精确。

④用自然语言描述的语义不够精确，无法满足对 SysML 模型进行严格分析的要求。

1.3.3　SysML 的表示法

SysML 的图形表示是 SysML 的可视化表示，是用来为系统建模的工具。SysML 定义了 9 种基本图形来表示模型的各个方面。在 9 种图形中活动图和模块图（包括模块定义图和内部模块图）来自 UML2.0，并在 SysML 中进行了扩展；用例图、顺序图、状态机图和包图都来自 UML2.0 的复用，没有进行修改；需求图和参数图是 UML2.0 中没有的新图。SysML 图结构中定义了 9 种基本图形，同时将其分成 4 类：行为图、需求图、参数图和结构图。SysML 图结构如图 1-11 所示。

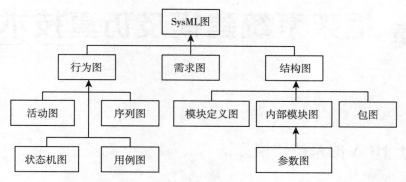

图 1-11　SysML 图结构

第2章 框架系统建模及仿真技术

2.1 基于 HLA 的系统建模方法

1995 年 10 月，美国国防部的国防建模与仿真办公室（Defense Modeling & Simulation Office，简称 DMSO）制订了建模与仿真主计划（Modeling and Simulation Master Plan，简称 MSMP）。建模与仿真主计划的首要目标是为国防领域的建模与仿真制订一个通用的技术框架，以实现仿真应用间的互操作，并提高仿真资源的可重用性。该通用技术框架包含 3 个部分内容，其中首要及核心内容就是高层体系结构（High Level of Architecture，简称 HLA）。

经过一系列的 HLA 原型系统开发、运行和测试工作，1996 年 9 月 1 日 USD（Under Secretary of Defense for Acquisition and Technology）批准 HLA 的基本定义，1997 年 12 月仿真互操作标准组织 SISO 执行委员会接受 HLA，电气和电子工程师协会（Institute of Electrical and Electronics Engineers，简称 IEEE）标准协会批准 HLA 作为一个 IEEE 标准进行开发，1998 年 11 月对象管理组织（Object Management Group，简称 OMG）采纳 HLA 为分布式仿真标准，2000 年 9 月 21 日 IEEE 标准协会批准 HLA 正式成为 IEEE1516 标准。从 2001 年开始，美国国防部就不再支持非 HLA 仿真。

HLA 用于解决仿真系统存在的集成问题，为构造大规模仿真应用提供了一种集成方法，通过运行支撑环境（Run - Time Infrastructure，简称 RTI）提供通用和独立的支撑服务程序，将仿真应用同底层支撑环境分开。HLA 能充分利用多领域的先进技术，使仿真功能实现、仿真运行管理和底层通信三者的开发单独进行。HLA 使用面向对象的方法，设计开发系统不同层次和粒度的对象模型，通过计算机网络使分散分布的仿真部件在统一的仿真环境下协调运行，并且所有模型能够在不同领域重复使用，实现仿真系统的互操作与可重用。现在的仿真系统多为分布式仿真系统，系统日渐复杂，覆盖领域越来越多，多领域仿真系统之间的互操作问题就成了分布仿真的关键问题。开发成本随系统复杂程度的加深而升高，提高仿真系统的可重用性能够有效降低系统开发成本。因此，基于 HLA 的分布仿真将是日后仿真研究发展的重要方向。

2.1.1 高层体系结构 HLA

HLA 是一个通用的建模与仿真技术框架，它定义了构成分布式交互仿真系统各部分的功能及各部分间的相互关系。HLA 中常用的概念和术语如下。

（1）联邦（federation） 用于实现某种仿真目的的分布仿真系统。由若干发生交互的联邦成员、一个共同的联邦对象模型和运行支撑框架构成。

（2）联邦成员（federate） 参与联邦的所有应用都称为联邦成员，简称成员。

（3）对象（object） 构成成员的基本元素，用于描述真实世界的实体，其粒度和抽象程度适合于描述成员间的互操作。任一时间对象的状态定义为其所有属性的集合。

（4）对象模型（object model） 用于表达客观世界的对象集合，它描述了对象的属性，以及对象之间的联系和交互。

（5）联邦对象模型（Federation Object Model，FOM） 联邦中联邦成员进行数据交互的共同对象模型。

（6）运行支撑环境（Run‐Time Infrastructure，RTI） 一种通用的分布仿真系统软件，用于集成分布的所有联邦成员，联邦运行时能提供具有标准接口的服务。

（7）仿真应用（simulation） 使用模型来获得实体动态行为的一种联邦成员。

（8）类（class） 一组具有同样性质、行为、公共关系和语义的对象集合。

（9）所有权（ownership） 一个联邦成员拥有一个属性的所有权，该成员有责任在联邦运行时更新和提供该属性的值。

在 HLA 中，联邦由联邦对象模型 FOM、若干个相互作用的联邦成员和运行支持系统 RTI 组成，联邦系统结构如图 2‐1 所示。联邦可以是更复杂系统的一个联邦成员，基于 HLA 的联邦系统是一个开放的分布式仿真系统，系统具有可扩展性，联邦成员可以在系统运行过程中随时进入联邦，通过 RTI 服务与其他联邦成员进行交互。联邦成员的类型很多，比如仿真应用成员、数据记录成员和交互成员等，仿真应用成员用于仿真应用，数据记录成员用于管理数据采集，交互成员用于和用户进行交互。联邦成员中最重要的是仿真（simulation）应用成员。联邦成员由多个相互作用的对象构成，对象是联邦的基本元素。联邦、联邦成员和对象之间的关系如图 2‐2 所示。

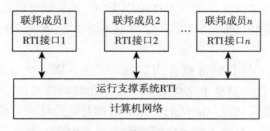

图 2‐1 联邦系统结构图

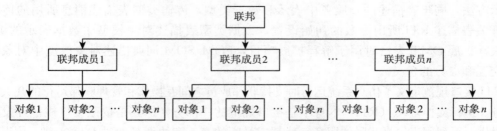

图 2‐2 联邦、联邦成员和对象关系图

　　HLA 为开发者提供了一个描述和构造专属仿真应用的通用框架。按 DMSO 公布的规范，HLA 主要由规则（Rules）、对象模型模板（Object Model Templet，简称 OMT）和运行支撑系统的规范接口（Interface Specification）3 个部分组成。

　　规则规定联邦及联邦成员需要遵守的要求，阐述所有部件的功能与和逻辑关系，以保证仿真时联邦及成员间能够正确交互。HLA 共定义 10 条规则，其中 5 条规则规定联邦需要遵守的要求，另外 5 条规则规定联邦成员需要遵守的要求。

　　IEEE1516 标准规定的 10 条 HLA 规则如下。

　　（1）联邦必须按照对象模型模板（OMT）确定联邦对象模型（FOM）。

　　（2）应在联邦成员中描述联邦中所有与仿真应用有关的对象实例，不应在 RTI 中描述。

　　（3）联邦执行过程中，必须通过 RTI 进行各成员间所有由 FOM 规定的数据交换。

　　（4）联邦执行过程中，联邦成员必须按照 HLA 接口规范访问 RTI 加入联邦。

　　（5）联邦执行过程中，一个对象实例的属性最多被一个成员拥有。

　　（6）联邦成员必须按照对象模型模板（简称 OMT）确定联邦成员的仿真对象模型（Simulation Object Model，简称 SOM）。

　　（7）联邦成员应能对 SOM 中的对象属性进行更新和反射，也能对 SOM 中的交互进行发送和接收。

　　（8）联邦成员应该能够按照 SOM 的规定在联邦执行过程中动态转移和接收属性的所有权。

　　（9）联邦成员应该能够按 SOM 的规定改变提供实例属性更新的条件。

　　（10）联邦成员应该按照统一的方式管理局部时间，以保证与其他成员之间数据交换的有序进行。

　　OMT 规定描述对象模型类型、属性等内容的格式和语法标准，并以表格形式呈现。使用时根据各对象模型的具体情况，某些表格可以为空。HLA 规则要求联邦和联邦成员都必须按照 OMT 描述对象模型，而 OMT 统一了描述标准，这就为 HLA 实现互操作和重用奠定了基础。

　　IEEE1516 标准规定 OMT 表格包含内容如图 2-3 所示。对象模型鉴别表描述鉴别 HLA 对象模型的重要信息，对象类结构表描述联邦和联邦成员的对象类名称及类的继承关系，交互类结构表描述联邦和联邦成员的交互类名称及类的继承关系，属性表描述联邦和联邦成员中对象的属性特性，参数表描述联邦和联邦成员中交互参数的特性，维表描述用来过滤实例属性和交互的维，时间表示表描述时间值的表示，用户定义的标签表描述服务中标签的表示方法，同步表描述同步服务中表示和数据类型，传输类型表描述消息所用的传输机制，开关表描述 RTI 所用参数的初始设置，数据类型表描述对象模型中数据表示的细节，注释表在扩展 OMT 表格时用于解释扩展项目，FOM/SOM 词典描述对象模型中对象、属性、交互和参数的含义。

　　RTI 接口规范定义了仿真系统运行时支持联邦成员之间互操作和管理联邦运行的几大类标准服务。运行支撑环境（RTI）本身不是接口规范的一部分，但其是按照接口规范开发的软件，提供一系列用于仿真互联的服务，联邦成员间的交互和协调都通过 RTI 实现。仿真系统运行过程中，RTI 犹如软总线，满足 RTI 接口规范的仿真软件及管理实体都可以像插件一样插

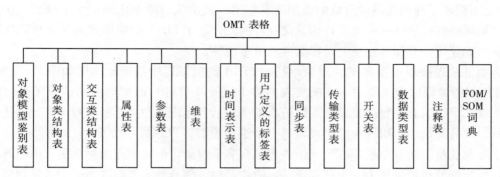

图 2-3 OMT 表格内容

入软总线，从而有效支持仿真系统的互联和互操作，并能支持联邦成员级的重用。

IEEE1516 标准规定 RTI 接口规范基本服务主要包括联邦管理服务、声明管理服务、对象管理服务、所有权管理服务、时间管理服务、数据分发管理服务和支持服务七大类，如图 2-4 所示。

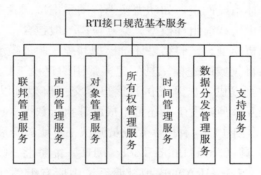

图 2-4 RTI 接口规范的基本服务内容

联邦管理服务提供创建、删除、加入、退出联邦和联邦同步点服务，以及保存、恢复联邦状态等功能。声明管理服务声明成员能够产生和希望接收信息的意图，用于公布、订购对象类属性和交互类，支持仿真交互控制的功能。对象管理服务提供对象提供方实例注册和更新服务，提供对象用户方实例发现和反射服务，提供收发交互信息方法服务，并且提供实例更新及其他支持服务。所有权管理服务提供属性所有权和对象所有权的转移和接收服务。时间管理服务提供时间管理策略和时间推进机制服务，提供查询时间状态和修改消息排序类型服务。数据分发管理服务对更新域和订购域进行管理，提供基于值的数据过滤和分发服务，实现联邦成员间的数据收发。支持服务提供实现前六大基本服务的支持服务，提供设置开关量服务，提供名称和对应句柄间的转换服务。

2.1.2 基于 HLA 的虚拟试验体系构建

现在的机电产品虚拟试验平台通常是集机械、液压/电动/气压和电控为一体的复杂综合系统。此类试验系统共有的特点就是覆盖多个学科、横跨多个领域，单一领域虚拟试验不能满足多领域分布式建模的需求，简单多领域虚拟试验不能满足系统扩展和重用的需求。

HLA 是不局限于任何领域的开放的通用技术框架，采用统一标准化的交互手段和方法，使参与对象间能够按照同一方式进行信息交互。因此，基于 HLA 的虚拟试验系统可以实现多领域分布式建模，并保证系统的可扩展性和可重用性。

虚拟试验系统应该面向试验对象，基于 HLA 的虚拟试验系统结构图如图 2-5 所示。基于 HLA 的虚拟试验系统中，其能实现的多个试验项目各自形成单独的试验子系统即联邦，实现每一个试验项目的试验子系统仿真模型包括实体模型和交互模型两大部分，这两大部分每一部分又由多个组件模型组成，每一个组件模型各自形成一个 FOM，每一个组件即为一个联邦成员。每一个联邦成员（组件）包含多个对象，也有相应的对象仿真模型 SOM，例如，变速器的机械组件为一个联邦成员，齿轮、轴、轴承等零部件各为一个对象，各对象的仿真模型即为各自的 SOM，所有变速器机械结构的零部件对象模型 SOM 共同构成变速器机械组件这一联邦成员的仿真模型 FOM。实体模型一般包含机械组件模型、液压/电动/气压组件模型、电子控制组件模型、试验台架组件模型和其他组件模型。其中，机械组件模型、试验台架组件模型和电子控制组件模型是所有虚拟试验系统都具有的。液压组件模型、电动组件模型和气压组件模型根据具体试验系统结构组成可能有其中一、两种或全部。其他组件模型可有可无，视具体情况而定，如动力换挡传动系虚拟试验系统因拖拉机田间作业一般为带负载工作一般还需设置载荷组件模型。交互模型一般包含试验项目配置模型、试验过程监控模型、试验数据分析模型、试验结果评价模型和虚实验证模型这几类。

实体模型可以使用各自领域的建模工具创建，常用的建模工具有 Adams、AMESim 和 Simulink 等，大部分软件都提供二次开发仿真接口。交互模型可以利用相应的模型开发工具创建，一般通过这些交互模型开发工具还可生成联邦执行数据（Federation Execution Data，FED）文件。对象模型创建后，利用联邦成员测试工具能够开展数据交互测试。模型创建后利用代码自动生成工具（Auto Build Tool，ABT）能够将 SOM 和 FOM 转换为符合 HLA 系统运行的 C 代码。基于 HLA 的虚拟试验系统中所有组件（联邦成员）数据通过运行支撑环境 RTI 接入互联网进行交互，其逻辑关系图如图 2-6 所示。

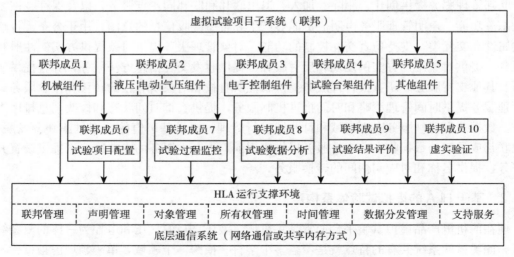

图 2-5　基于 HLA 的虚拟试验系统结构图

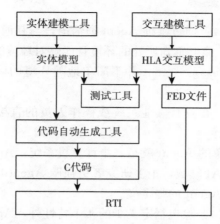

图 2-6 基于 HLA 的虚拟试验逻辑关系图

2.2 基于 Agent 的系统建模方法

Agent 的研究历史可以追溯到人工智能（Artificial Intelligence，简称 AI）研究初期。第一个 Agent 系统是 1977 年 Hewitt 提出的"并发演员模型"（Concurrent Actor Model）。在模型中，他提出"一个自封装、交互型的、并行执行"的对象，并称它为"actor"。Agent 的概念随着计算机网络和通信的发展受到广泛的关注，短时间内在全球范围内迅速发展，在许多学科、领域中都得到应用，包括用户界面、过程控制、移动计算、个人助理、电子商务、信息检索，以及过滤、电信、仿真系统等。

2.2.1 Agent 简介

Agent 的概念在不同学科、不同领域具有不同的含义，各行学者也有着不同的理解。它的中文术语多种多样，其中包括"主体""自治体""代理""智能主体"或"智能体"等。由于 Agent 内容的丰富性以及理解的差异性，这些中文术语都不能贴切表达 Agent 的丰富内涵，特别是不能贴切表现"基于 Agent 的建模与仿真"中"Agent"的内涵，所以本书不试图寻找一个中文术语来代替它，而直接取用英语单词"Agent"。

Shoham 认为，Agent 是具有包括能力（Capabilities）、信念（Beliefs）、承诺（Commitments）和选择（Choices）等精神状态的一个实体。Wooldridge 给出的定义：Agent 是封装在一些环境中的计算机系统，为了达到设计好的目标，它能够执行灵活自主的行为。Stan Franklin 对 Agent 的定义：具有自治性的 Agent 是能够不断感知环境并作用于环境，以完成其计划的一类系统。然而 Lane 认为，Agent 是一个具有控制问题求解机理的计算单元，它可以指一个专家系统、一个机器人、一个模块、一个求解单元或一个过程等。

尽管 Agent 直到现在没有一个统一的定义，但 Wooldridge 给出了 Agent 的弱定义和强定义，其中 Wooldridge 给出的关于 Agent 的弱定义得到大多数研究者的认可。

定义 1（Agent 的弱定义）：具有以下特性的硬件系统或基于软件的计算机系统称为弱

概念意义下的 Agent。

①社会性（Social ability）：通过某种 Agent 通信语言与其他 Agent 系统进行交互。

②反应性（Reactivity）：能够感知所处的环境且能够对环境的改变作出相应反应。

③主动性（Pro - activeness）：Agent 并不简单地随环境的刺激产生反应，还可以展现出目标驱动的主动行为。

④自治性（Autonomy）：在没有其他系统或操作人员的直接干预下能够自主完成控制其行为和内部状态的操作运行。

按照以上的定义，最简单的 Agent 就是一个计算机系统。Agent 的弱定义的概念在很多领域被研究人员接受。但在 AI 领域，很多研究者更强调 Agent 应更具有一些人的特质，即人的精神状态，由此提出了 Agent 的强定义。

定义 2（Agent 的强定义）：除包括定义 1 的 4 个特性外，Agent 还具有诚实和理性、意图与义务、知识和信念。

2.2.1.1 Agent 的结构

从 Agent 的结构出发，单个 Agent 的结构通常分为反应型 Agent、慎思型 Agent 和混合型 Agent。

（1）慎思型 Agent　慎思型 Agent 又称为思考型 Agent，它将 Agent 作为一种意识系统。Rao 和 Georgeff 提出的 BDI 模型也说明了把 Agent 作为意识系统来研究是合理的。设计 Agent 的目的主要在于把它作为人类个体或社会行为的智能代理，Agent 可以表现或模拟被代理者所具有的意识态度，如信念、意图、目标、愿望、责任和承诺等。Agent 通过传感器了解外部环境，并将感知结果表示成 Agent 的某种心智状态（信念），再从这些心智状态出发进行逻辑推理，从而决定所执行的动作。

（2）反应型 Agent　R. A. Brook 提出的包容体系结构是最著名的反应型 Agent 结构。反应型 Agent 没有对环境的推理和表示行为，只是通过刺激—反应行为工作。它的结构只需对它所处环境的当前状态做出反应，不必考虑历史因素，也不用为将来制订计划。反应型 Agent 之间只需要通过简单的信息交互，就可以组织起复杂的全局行为。这样，数个反应型 Agent 在完成某项任务时，不会因为某个 Agent 的失效而导致全局的失败。因此，容错性和稳定性是反应型 Agent 结构的 2 个重要特点。此外，反应型 Agent 不涉及复杂的符号推理，因而执行速度快，适合于实时环境。

（3）混合型 Agent　慎思型 Agent 具有较高的智能性，但对环境的变化无法做出快速的响应，执行效率相对来说比较低。反应型 Agent 虽然能及时快速地响应环境刺激而变化，但它的智能程度较低，也缺乏足够的灵活性。德国的 Fischer、Pischel、Muller 将反应型 Agent 和慎思型 Agent 协作能力结合起来，研制了一种混合型结构，并称之为混合型 Agent。混合型 Agent（又称 Hybrid Agent）则综合了二者的优点，不仅具有较高的灵活性，还具有快速响应性。

2.2.1.2 Agent 的研究范围

Agent 研究的范围可从 AI 领域、经济学领域、计算机领域、建模与仿真领域 4 个方面说明。

（1）AI 领域（智能 Agent）　智能 Agent 是指在某一环境中运行，并能响应环境的变化，自主、灵活地采取行动以满足其设计目标的计算实体，一般具有某种程度的感知、推理、学习、自适应和协作能力。如实时专家系统和某些智能控制系统等。

（2）经济学领域　在经济学文献中，常将博弈中不拥有私人信息的参与人称为委托人（Principal），拥有私人信息的参与人称为代理人（Agent）。也就是说，经济学中的 Agent 是相对于委托人而言的一个概念。

（3）计算机领域（软件 Agent）　软件 Agent 是从软件设计的角度研究 Agent，如 Shoham 关于 Agent 的定义：Agent 是一种在特定环境下连续、自主运行的软件实体。软件 Agent 的另一种观点类似于软件工程中的面向对象的研究，把软件 Agent 作为设计和实现软件系统的新范型，将是软件开发的又一重大突破。

（4）建模与仿真领域　在复杂系统研究中，把组成复杂系统的具有主动性的个体或单元称为 Agent，研究这些 Agent 的个体行为如何导致整个系统的整体"涌现"行为。正如霍兰所说，"复杂适应系统毫不例外地由大量具有主动性的元素组成。为了说明具有主动性的元素，同时不求助于专门的内容，我借用了经济学中的 Agent 一词，这个术语是描述性的。"

2.2.2　建模与仿真下的 Agent

以面向对象方法的角度来看关于 Agent 的概念，Agent 与对象具有极大的相似性。例如，对象被定义为封装了某种状态、具有内部标识、可以执行某种行为、封装了实体属性和运算方法、可通过消息传递进行通信的计算实体，具有多态性、继承性和封装性。但除此之外，Agent 与对象之间具有明显的不同点。主要体现在以下几个方面：

①Agent 之间具有合作、协调等能力，而对象一般不具有这一特点。

②Agent 具有智能性的行为（包括社会性、主动性和反应性），但标准的对象模型不具有这些性质和行为。

③自治性程度不同。Agent 相比对象而言表现出更强的自治性，对象大多时候是被动的。特别地，Agent 可决定是否执行其他 Agent 请求的行为，但对象却不能。

④Agent 采用基于语言行为（Speech Act）理论的通信方式，即 Agent 间通过请求（Request）、通知（Inform）、命令（Command）等方式进行信息交互，具有支持高层通信的能力，而对象间只能通过消息传递机制进行通信。

⑤面向对象没有提供像基于 Agent 的建模方法那样对复杂系统进行建模的一系列概念与机理。

⑥基于 Agent 的系统中每个 Agent 都至少是一个线程控制的，然而对象没有这种线程控制的要求。

Agent 相对于对象而言，智能性更高且是具有一定自治性的实体。许多时候，Agent 可以看成是一种主动对象，它并不是对面向对象开发方法的否定，而是其高级形态与发展，是人类在计算机科学领域认识上的又一次飞跃，都是对客观世界的一种描述。从面向对象的方法学角度来看，Agent 是具有更多智能特性和更复杂结构的对象。较之面向对象技术，面向 Agent 方法具有以下两个显著特点：

（1）面向 Agent 方法是基于面向对象方法的延伸　Shoham 教授曾经指出，Agent 可以被视为具有活性和精神状态的对象，Agent 与对象之间的相似性使面向对象方法中的很多技术，如面向对象的软件工程（Object - Oriented Software Engineering，简称 OOSE）、对象建模技术（Object Modeling Technology，简称 OMT）、统一建模语言（Uniform Modeling Language，简称 UML）等都可被应用到面向 Agent 方法的研究中。例如，出现了相应的面向 Agent 的软件工程（Agent - Oriented Software Engineering，简称 AOSE）、面向 Agent 的编程（Agent - Oriented Programming，简称 AOP）和面向 Agent 的分析与设计（Agent - Oriented Analysis and Design，简称 AOAD）等，这为面向 Agent 方法的研究人员提供了良好的理论及应用研究基础。

（2）面向 Agent 方法是知识工程方法的延伸　由于 Agent 具有认知特性，故知识工程方法中的许多技术，如知识建模、知识获取及知识重用等也都成为面向 Agent 方法发展的重要支撑。对于 Agent 的设计和开发，当前面向 Agent 的程序设计（如 Shoham 的 Agent - 0 语言）还很不成熟。因此，Agent 的实现依赖于面向对象的程序设计，以面向对象的思想方法来实现。

2.2.3　Agent、多 Agent 技术与卫星系统研究的结合

卫星系统与 Agent 技术相关研究的结合点在于利用 Agent、多 Agent 系统（Multi - Agent System，简称 MAS）的技术与方法来实现卫星系统的自主运行和卫星之间的规划、协同和调度，主要的工作包括美国航空航天局（简称 NASA）、美国空军和欧空局等组织对航天器自主运行技术的研究。Walt Truszkowski 系统描述了 NASA 关于 Agent 技术的观点，指出要利用 Agent 技术来实现空间系统与地面系统的自主运行，让它们能够以更高的自治级别来自主运行。典型的系统包括阿莫斯研究中心和喷气推进实验室开发的航天器自主运行原型系统（Remote Agent，简称 RA）以及哥达德飞行中心开发的无人参与地面系统（简称 LOGOS）。

LOGOS 是实现地面无人操作/自主操控的成功案例，它是指无人参与的地面操控系统，采用软件 Agent 的思想和面向对象的开发原则用 C++语言实现。Nicola Museettola 指出，RA 的实现，是将 AI 的思想应用到航天器控制领域的一次大胆的实践，RA 是航天器自主运行控制研究的最有代表性的成果。RA 是为"新千年"计划的"Deep Space 1"（简称 DS 1）设计的星上自主运行的控制系统，它主要集成了 3 个模块：智能多线程执行部分、星上调度规划以及故障诊断与恢复系统。RA 在 DS 1 上的成功应用，实现了空间飞行器在长时间不与地面联系的情况下具有自主处理各类飞行器故障、调整局部任务目标并完成总体目标的能力。

LOGOS 和 RA 使用了软件 Agent 和 AI 中的 Agent 的概念和技术使得软件系统的"灵活性"逐渐增加，而 Team Agent（简称 TA）和 Object Agent（简称 OA）则是采用 MAS 的概念与技术支持卫星系统的自治/自主控制以及分布式卫星系统（Distributed Satellite System，简称 DSS）的规划、协同与调度的基于多 Agent 的软件体系结构，早期的 TA 和 OA 采用 Matlab 实现，采用基于消息传递机制的通信机制，后来又将其向 C++移植。基于多 Agent 的软件体系结构是普林斯顿卫星公司（Princeton Satellite Systems，简称 PSS）为美国空军 21 世纪技术试验卫星 TechSat21 项目开发的卫星编队自主控制软件，其功能是实现 DSS 的分布式规划调度与自治、协同运行。

通过以上的分析可以知道，当前 Agent 技术与卫星系统方面结合进行研究的领域主要是采用软件 MAS 的概念与技术和 Agent，实现地面卫星系统的分布式调度与协同运行、自主运行与控制。而以上提出基于 Agent 的卫星系统建模与仿真，其中的 Agent 的概念来自自动化管理系统（Automated Battlefield Management System，简称 ABMS），它不仅仅是软件 Agent 和 MAS 中的 Agent 的概念。基于 Agent 的建模与仿真并不排斥采用软件 Agent 和 MAS 的相关技术与实现手段，本节只是将研究重点集中在 Agent 的建模与仿真上。

2.2.4 基于 Agent 的建模与仿真

采用 ABMS 来研究具体复杂系统，必须创建一个规范的研究过程。这种规范的过程将减少建模与仿真的复杂度，提高模型的可用性与重用性。一般 ABMS 的建模与仿真研究步骤如下：

（1）目标系统复杂性特征与仿真需求分析

①应对目标系统进行复杂性分析，归纳系统的复杂性特征，明确总体仿真的目标和要求。

②明确系统边界。

③分析系统中实体的具体特征，根据实体特征确定形式化表达方式—Agent 或是对象表达。

④定义评价机制和方法，确定数据表现方式，归纳并制定仿真环境的支持功能。

（2）合理选择抽象层次 一切复杂系统的固有结构是层次结构，因此必须采用多层抽象（Multiple Levels of Abstraction）建模方法，在确保抽象层次的选择是充分合理的情况下，针对复杂系统中各类对象实体建立抽象模型。

在复杂系统建模仿真中，选择抽象层次是一个十分重要的研究步骤。实施这个步骤必须牢牢把握以下两点：

①目的。实现仿真目标。

②依据。实现仿真目标所必须复现的信息量和系统信息。

抽象层次过粗过少会造成信息复现不充分，信息量不足，虽然问题得到了简化，减少了研制周期和成本，但不能实现仿真目标。抽象层次过细过多会造成信息冗余，冗余信息无助于仿真目标的实现反倒会使研制过程变得复杂化，延长了研制周期，提高了研制成本；合理的抽象层次是：确保实现仿真目标的最少层次。抽象层次的选择是一个循环迭代的过程。合理抽象层次选择的方法步骤包括分解、聚合与综合。

①分解。分解的含义是把某一层次的对象实体抽象模型，用一组相互作用关系及一组子实体的抽象模型来表示。其形式化表示如下。

设第 i 层某对象实体 $C_s^{(i)}$ 的抽象模型为：

$$Des^{(i)} ::= \langle I_a^{(i+1)}, M_a^{(i+1)}, \Psi^{(i+1)} \rangle$$

其中，$I_a^{(i+1)}$ 为 $C_s^{(i)}$ 的子对象实体的抽象模型集合，即 Agent 集合；$M_a^{(i+1)}$ 为 $I_a^{(i+1)}$ 集合中各 Agent 之间的消息集合；$\Psi^{(i+1)}$ 为 $M_a^{(i+1)} \rightarrow I_a^{(i+1)} \times I_a^{(i+1)}$ 的消息传递机制。则下一个分解层次如下。

$\forall C_s^{(i+1)} \in I_a^{(i+1)}$，即 $I_a^{(i+1)}$ 中的任何一个子对象实体，还可以用它的一组子对象实体的

抽象模型来表示。

$$Des^{(i+1)} ::= \langle I_a^{(i+2)}, M_a^{(i+2)}, \Psi^{(i+2)} \rangle$$

这一过程一直继续下去直到所获得的信息量满足仿真目标要求为止。假定分解到 $C_s^{(i+1)}$ 时满足了要求并停止分解，则 $I_a^{(i+1)}$ 集合中的抽象模型即为元模型，并称为 Meta - Agent。

②聚合。低层次的模型通过信息与数据的传输组合形成更高层次的模型，以适应仿真与决策的需要，这是聚合的含义。低层次的抽象模型所包含的信息要多于高层次的抽象模型的信息。聚合也是复杂系统结构属性之一。如人类社会基本主体是人，它的抽象模型是 Meta - Agent。但是人可以聚合，如企业、银行或其他社会团体、组织等。它们作为一个主体，同其他主体交互作用，从抽象观点看它们也是一个 Agent。如果不考虑企业内部人与人之间的微观行为，则可针对企业建立 Meta - Agent，否则要建立 Aggregation - Agent。Aggregation - Agent 就是多个 Agent 的聚合。

以一颗卫星为例，它可以分解为有效载荷和卫星平台 2 个 Agent。如果到此为止不再分解，那么，有效载荷和卫星平台都是 Meta - Agent；平台是 Aggregation - Agent，如果把平台进行分解，则可分解为电源分系统、通信分系统、GN&C 分系统、推进分系统、热控分系统、C&DH 分系统等，那么这些分系统就是 Meta - Agent。在卫星系统建模与仿真中，按照仿真的需求不同，一颗卫星可能是 Aggregation - Agent，也可能是 Meta - Agent。聚合的本质是指把某一层上的抽象模型合成一个更高级的模型，并作为独立主体与其他主体发生交互作用。

③综合。综合的含义是把微观模型（包括 Meta - Agent、Aggregation - Agent）通过一定的规则合成更大的模型，使它们能够正常工作。综合在遗留模型（Legacy Models，简称 LM）的重用与集成上具有重要的意义，它包括 Agent 间的纵向综合与横向综合。

（3）消息流分析　在确定复杂系统的抽象层次的同时要进行消息流分析。这包括：

①对消息类型进行分类。

②确定各类消息的流动模式。

③分类定义消息传递机制和协议。

④定义消息格式，给出范式并统计信息量。

⑤对照仿真目标确定是否需要再分解。

（4）对 Agent 进行建模　ABMS 的重要内容是 Agent 建模，其中 ABMS 的研究步骤如图 2-7 所示。通过消息流分析和层次分解，得到有关复杂系统的分析树。对每个非叶结点，建立 Aggregation - Agent；对每个叶结点建立 Meta - Agent 模型。同时，按照实体功能的不同进行不同的 Agent 抽象。

对每类 Agent 建模都应按照前面给定的定义进行。下面以控制论模型结构为例进行说明 Agent 建模实例：

①定义仿真时钟 T。

②定义输入消息集合，包括外部输入、内部反馈输入。

③定义输出消息集合。

④定义状态集合。

⑤定义控制规则库和控制器算法，包括规则生成、规则选择和规则评价等算法。Agent

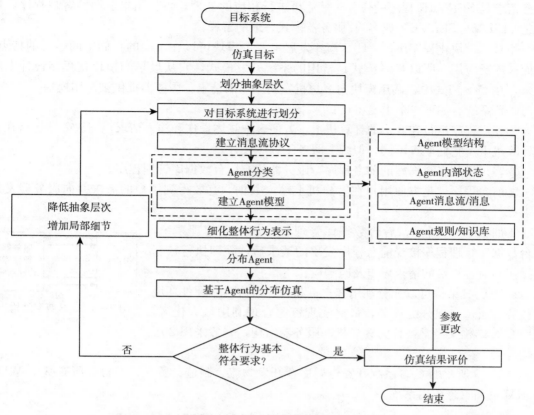

图 2-7 ABMS 的研究步骤

的自治能力、主动性和适应能力直接与控制器算法相关。

⑥定义输人源 Agent 集合。

⑦定义输出目的 Agent 集合。

⑧定义效应器的消息生成算法。

（5）**分布 Agent** 大规模复杂系统的仿真必须建立在分布仿真环境上，为此需要合理地把基于 Agent 的模型分布到多个节点计算机上，分布并行环境恰好体现多 Agent 的天然并行性。

Agent 的分布原则有两点：①结点负载均衡原则；②结点间通信量最小原则。

Agent 的分布，需要根据具体的复杂系统仿真应用要求、采用的仿真算法以及仿真所处的硬件环境等综合考虑。

2.3 基于 C/S 的仿真系统

如果说 LINQ 语言是系统的基础，那么 C/S 架构就是系统的根本。CLIENT 和 SERVER 分别处在 2 台相距很远的计算机上，CLIENT 程序的任务是将用户的要求提交给 SERVER 程序，再将 SERVER 程序返回的结果以特定的形式显示给用户，接收客户程序提出的服务请求是 SERVER 程序的任务，然后再进行相应的处理，再将结果返回给客户程序，这就是 CLIENT/SERVER 或客户/服务器模式一般的解释。

相对于模块化程序设计，C/S 模式发展出一个模块可以在不同的存储空间运行的特点，从而被广泛应用。所以 C/S 模式是常用的系统开发模式，它从最早的模块化程序设计发展而来，在 C/S 模式中，调用模块向客户机发出调用的请求，服务器提供被调用模块。

C/S 系统有如下 4 个主要特点：

①客户程序运行在客户的计算机上，方便客户具体操作和输入请求，与服务器运行在不同计算机上，它们职责不同，但统一服务于程序设计。

②客户机放有数据库的前台程序，服务器放有后台数据库管理程序。

③前台程序就是方便用户在客户机上输入数据，有效得到用户的需求并向服务器发送请求。

④如图 2-8 所示，后台数据库管理程序相当于管理系统，后台数据库管理程序接受前台程序发出的请求后，立即执行数据库操作，对客户端的请求做出及时响应。

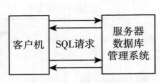

图 2-8　C/S 两层结构

通过 C/S 结构可以充分利用客户机和服务器这两端硬件环境的优势，通过合理分配任务，最终实现资源合理利用最大化区。所以 C/S 结构又经常被称为客户机和服务器结构，一般采用 2 层结构。

图 2-9 所示的 C/S 系统开发框架适合开发物流、制造、贸易、零售等所有基于 WIN-FORM 桌面管理应用系统。

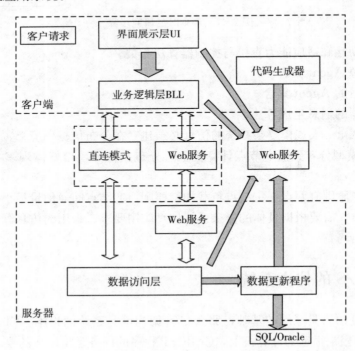

图 2-9　C/S 系统开发框架

B/S 结构与 C/S 结构是 2 个不同结构，但是 B/S 结构与 C/S 结构并没有本质的区别。由于 B/S 结构是一种特殊的基于特定通信协议即 HTTP 协议的 C/S 架构，所以可以说 B/S 结构中有 C/S 结构。B/S 架构是因满足客户对于一体化客户端的需求，在 C/S 架构上发展而来的。B/S 架构可以方便资源共享和节约客户端更新、维护等方向付出的成本。由此可知，B/S 结构属于 C/S 结构的一种，C/S 结构可以使用任何通信协议，而 B/S 结构只能适用特定的通信协议即 HTTP 协议。B/S 结构浏览器是特殊的客户端，如果开发浏览器是一个通用客户端，本质上还是实现一个基于 C/S 结构的系统。

2.4 基于 DDS 的仿真系统

随着计算机技术、仿真技术和网络技术的发展，仿真系统日益注重重用性和扩展性，其规模和复杂程度不断加大，系统一般包含多个子系统，子系统和子系统、子系统和系统之间通信的实时性问题显得尤为突出。

网络通信模型是影响仿真系统通信实时性的重要因素，点对点、客户端/服务器和发布/订阅是最主要的 3 类网络通信模型，如图 2-10 所示。点对点的网络通信模型是这 3 类模型里最简单的通信模型，如图 2-10（a）所示。电话就是最常见的一个例子，电话只能实现"一对一"的通信，通信带宽较大，质量也较高，可靠性也好。客户端/服务器网络通信模型可以实现"多对一"的通信，如图 2-10（b）所示。此种模式的通信系统中有多个客户端和一个服务器，每个客户端是一个节点，服务器是一个特殊的节点，多个客户端都可以向服务器发送请求信息，服务器每次向一个客户端发送回复信息。客户端/服务器网络通信模型实现了以服务为中心的数据通信，与点对点模型相比，客户端/服务器网络通信模型具有一定的扩展性，在信息较为集中的通信情况下这种通信架构性能最优，但所有信息均需发送到服务器后再分发到客户端，所以效率较低。另外，客户端不知道服务器何时空闲便于发送/接收数据，也就不能实现确定性通信。发布/订阅网络通信模型［图 2-10（c）］中节点与节点之间的数据传递不需要经过服务器，节点和节点的数据通信也打破了"一对一"的模式，任意节点间都可互相共享数据，共享信息的节点发布（发送）信息，需要该信息的节点都可直接订阅（接收）该信息，这就极大提高了系统共享信息的时效性。发布/订阅网络通信模型实现了以数据为中心的数据通信，尤其适合数据量大、实时性要求高的分布式系统。

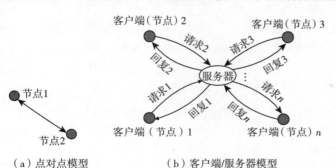
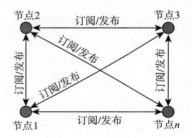

（a）点对点模型　　　　　　（b）客户端/服务器模型　　　　　　（c）发布/订阅模型

图 2-10　网络通信模型

　　数据分发服务（Data Distribution Service，简称 DDS）是由对象管理组织（Object Management Group，简称 OMG）颁布的一个以数据为中心的中间件协议和应用程序编程接口（Application Programing Interface，简称 API）标准。DDS 系统是实时分布式应用程序的网络中间件，并采用发布/订阅模式的通信模型。中间件是分布式系统中介于操作系统和应用程序之间的软件层，如图 2-10 所示，允许应用程序发送/接收信息。通信过程中，数据发布者（Publisher）只需声明发送意图且发布数据，数据订阅者（Subscriber）只需声明接收意图，网络中间件 DDS 就自动将所需数据信息传送到订阅者。除此之外，采用发布/订阅通信模型的网络中间件 DDS 能够自动处理连接、失败和网络变化等在内的所有网络琐事，这就避免了由这一类网络琐事所引起的编程工作，降低了工程技术人员的编码素质要求。通信的关键是节点间的数据分发，DDS 可以指定通信的服务质量（Quality of Service，简称 QoS）参数实现以数据为中心的通信。另外，通过标准化的接口，DDS 使发布/订阅这种以数据为中心的通信机制更加规范，并适合应用于实时系统。

　　总而言之，DDS 可以使仿真系统开发人员不必花费太多的精力使用低层协议编程，只需关注应用目标，设置通信参数，即可建立不同组件、不同节点间的通信服务，实现完成组件或节点之间的时间数据分发功能。

第3章 复杂机械领域虚拟试验技术

复杂机械是指客户需求、产品组成、产品技术、制造过程和项目管理均复杂的机电产品。典型的如汽车、轨道车辆、拖拉机、飞机、航天器、机器人等，这些产品都是由机械、液压、气压和控制等子系统组成的复杂集成系统，每一种产品的开发都涉及机械、控制、电子、液压、气压和软件等多个不同学科领域。

复杂机械物理样机的系统整体性能与各子系统性能之间具有复杂的非线性约束耦合关系，一旦子系统改动，集成系统整体性能也会随之发生改变。为了使复杂机械产品的性能处于最佳状态，复杂机械物理样机试验过程不可避免地需要对各个子系统设计进行反复修改与调整。这样，传统的使用物理样机进行试验造成的产品研发周期长、花费大的弊端就显而易见。除此之外，使用物理样机开展性能试验受试验设备、试验场地和试验环境等诸多因素影响，要求比较苛刻，设计人员无法及时、准确地掌握复杂机械产品特殊工作环境或极端使用条件下的性能。

虚拟试验综合虚拟样机技术、仿真技术、虚拟现实技术、虚拟仪器技术、网络技术及数据库技术等多种试验与测试技术，模拟物理样机试验过程，利用虚拟试验系统完成虚拟样机试验数据的产生、测取及评价。虚拟试验不受场地、时间、次数和环境条件的限制，可以在一定程度上替代传统的物理试验，减少物理样机制造和试验次数，能够实现对试验过程的详细记录、重复与再现，能让设计者尽早发现设计过程中的潜在问题并加以解决，从而达到缩短新产品试验周期、降低试验费用、提高产品质量的目的。在复杂机械领域开展虚拟试验技术可以有效地避免传统试验的弊端。目前，虚拟试验侧重对试验对象、试验环境和测试仪器的模拟，相应形成基于虚拟样机（Virtual Prototyping，简称VP）的虚拟试验、基于虚拟现实（Virtual Reality，简称VR）的虚拟试验和基于虚拟仪器（Virtual Instrument，简称VI）的虚拟试验。

3.1 基于虚拟样机的试验技术

基于虚拟样机的试验对虚拟样机进行动态仿真研究。对虚拟样机的试验并行于新产品设计各个阶段，且试验过程可重复、周期短，对产品的迭代改进便捷。基于虚拟样机的试验技术在复杂机械产品全生命周期开发中得到广泛应用。

3.1.1 虚拟样机的产生

传统复杂机械新产品的研发一般需要经历以下几个阶段：产品设计、样机试制、样机试验、产品改进、产品定型和批量生产，流程如图3-1所示。在产品设计阶段，设计任务一般按照子系统分配到各设计小组,各小组分工合作。各小组设计人员往往只关注各自子系统的设计内容,容易忽略各子系统之间的衔接和影响。随着产品功能越来越复杂,很少有设计人员能在开展自己所负责那一部分工作的同时准确全面地把控其对整个集成系统的影响。因此,在样机试制阶段,企业一般会试制出与真实产品等效的物理样机,以获得产品的机械、物理、外观、工艺性、可制造性和可装配性等的综合信息反馈。在样机试验阶段,需要对试制的物理样机遵照国家标准要求按事先确定的试验方案进行性能测试,以获得复杂机械产品的系统性能参数和结果。试制物理样机过程发现的设计不足之处或错误,以及样机试验过程获得的试验参数,都是对设计方案进行调整、修改和优化的依据。一旦对设计方案调整、修改或优化就会牵一发而动全身,都需要重新建立物理样机,如此迭代的设计过程使新产品研发周期长、成本高、工作量大。例如,德国宝马3系汽车的设计花费了5年时间,设计期间试制了2 400多个实体零件和130多台实体模型或整机,每台实体整机平均造价达25万美元。

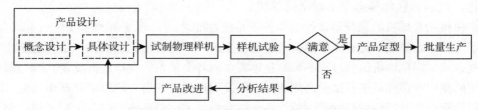

图 3-1 传统复杂机械新产品研发的流程

面对日益激烈的市场竞争,企业必须加快产品更新的步伐,缩短新产品研发周期,降低设计成本,才能保持自己的竞争优势立于不败之地。现在,人们也越来越关注物理样机在设计研发过程中的缺陷,越来越多的企业和研究机构开始致力于研究克服这一缺陷的有效方法。在这种形势下,虚拟样机技术应运而生,其目的就是要改变传统复杂机械产品的研发流程,用虚拟样机试验替代大部分物理样机试验,以达到降低试验成本,缩短试验周期,提高设计质量,提高企业快速响应市场与敏捷应对客户需求的目的。美国波音公司传统研发新机型需要花费7~8年甚至更长时间,由于采用虚拟样机技术,波音777飞机3年完成了从设计到一次试飞成功的目标。福特汽车公司机械和控制两部门借助虚拟样机方法,在1周时间内完成了汽车姿态控制系统优化,大幅提高了开发效率。美国戴姆勒-克莱斯勒汽车公司利用虚拟样机技术开发93LH系列汽车,开发周期由48个月缩短到了39个月。

采用虚拟样机技术的复杂机械新产品研发流程如图3-2所示。虚拟样机是建立在计算

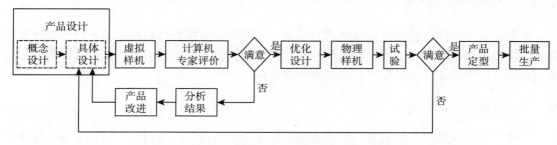

图 3-2 采用虚拟样机技术的复杂机械新产品研发流程

机上的产品集成系统或子系统数字化模型，它在一定程度上具有与物理样机相当的功能真实度，在新产品开发过程中替代物理样机，使新产品集成系统或子系统在虚拟的开发环境中快速地进行性能测试。

3.1.2 虚拟样机关键技术

虚拟样机技术在美国、德国、日本等一些发达国家已经得到了广泛应用，应用领域颇多，如汽车制造、工程机械、船舶制造、航空航天、国防工业等。国外的虚拟样机技术已经完成了软件化。在我国，虚拟样机技术是 20 世纪 80 年代逐渐兴起的一个新概念，目前还处于发展阶段，现阶段形成的关键技术包括系统总体技术、支撑环境技术、多领域协同设计/仿真技术、虚拟现实技术、信息过程管理技术和模型校核验证确认技术等。

（1）系统总体技术　系统总体技术基于数据表达、推理机制及知识语义一致性原则，标准化系统构架，制定各系统依照的标准、规范与协议，统一系统运行模式，还包含网络与数据库技术、系统集成技术与方法等。通过统一规范数字化产品信息交换机制解决各子系统之间数据交换的问题，通过可扩展的标识语言描述系统间传输数据和数据结构。

（2）支撑环境技术　虚拟样机支撑环境应该满足以下基本特征：

①能可靠地提供过程所需的数据、模型、资源和支撑系统以便于多领域协同工作。

②支持多领域、多学科和多部门数据、模型、资源和支撑系统之间的互操作和重用。

③提供支持多领域建模/仿真环境。

④支持不同工具和应用系统的集成。

⑤支持可视化显示。

⑥支持虚拟现实。

⑦支持虚拟产品数据/模型和项目的管理与优化。

⑧支持并行工程方法学。

⑨最大程度地采用当前的流行产品和标准，尽量减少开发新的工具和支撑系统。

⑩具备开放性、可扩展性和灵活性的特点。

（3）多领域协同设计/仿真技术　虚拟样机是由很多个领域子系统组成的集成系统，各子系统的顶层构建平台因所处领域不同而各有差异。例如，在进行拖拉机和汽车虚拟样机结构设计通常使用软件 CAD、Solidworks、UG、Pro/E 或 Catia，运动学和动力学建模仿真常用仿真软件 Adams 实现，对液压系统分析一般使用 AMESim 软件，对控制系统进行分析主要利用 Matlab 软件完成，对整车及零部件进行静态、动态结构力学分析使用 ANSYS 软件。这种涉及多学科多领域虚拟样机模型结构复杂，在仿真运行时自动化差、迭代过程复杂而漫长，集成系统的整体性差。这就要求必须有标准统一的系统构建机制来保证各子系统的重用性、互操作性、扩展性能，使各子系统规范、协调运行，形成有机整体，共享信息资源，完成总体目标。

（4）虚拟现实技术　虚拟现实技术是虚拟样机技术的一项关键技术，在未来复杂机械产品设计过程中有着不可或缺的作用。产品需求分析与概念设计阶段，设计人员能把用户抽象化的需求变成具体的虚拟化人机界面，让用户和设计人员在虚拟世界里直接参与外观和基本功能设计与修改，使新产品的功能更加符合用户的预期，增加新产品开发的成功率。具体设计阶段，设计人员可以借助于虚拟现实技术进行装配、力学分析可视化模拟，以便验证设计的正确性及可行性，并及时优化具体设计。在虚拟样机性能分析评估时，虚拟现实能够用便于理解的图形、动画代替枯燥不具形象化特征的数据内容使分析评估工作更高效，专家可以利用虚拟现实技术对强调交互性的人机界面进行直接感受并评价。

（5）信息过程管理技术　复杂机械产品的虚拟样机包含了大量多层次的知识和信息，虚拟样机的开发包含大量的数据、人员、工具、模型和流程，这就需要有高效的时间管理机制来保证集成系统和子系统运行过程符合事物客观规律，使系统在正确的时间以正确的方式将正确的数据传输至正确的单元。虚拟样机系统时间管理涉及时间推进方式和推进算法 2 个方面。

（6）模型校核验证确认技术　规范、标准的模型校核、验证和确认过程是保证分布式仿真置信度的关键技术。模型校核、验证和确认技术根据仿真系统的应用目标、功能需求和模型描述，选择对系统可靠性影响最大的技术指标进行量化与统计计算，设计相应的评估方案与典型基准题例，以检验系统的标准兼容性、系统的时空一致性、系统的功能正确性、系统运行平台的综合性能、系统仿真精度、系统的鲁棒性和系统可靠性等。

3.2　基于虚拟现实的试验技术

基于虚拟现实的试验是指采用环境建模技术、可视化技术、图像处理技术、人机交互技术构建虚拟现实系统，在系统中对产品虚拟样机性能进行评价。

虚拟现实技术，又称虚拟环境技术、灵境技术或人工环境技术。虚拟现实技术利用计算机创建一个虚拟世界，该虚拟世界可对参与者直接施加视觉、听觉、触觉和嗅觉等感受，使参与者沉浸其中，并允许参与者与其发生交互操作。虚拟现实是虚拟和现实的相互结合，包括实物虚化和虚物实化 2 个方面。

虚拟现实技术在 20 世纪 90 年代受到科学界和工程界关注，随着近些年人工智能技术、5G 技术、光学技术、图像处理技术、大数据技术、可视化技术和云计算技术等技术的快速发展，以及 2020 年以来新冠肺炎疫情背景下"非接触式"经济的新需求，虚拟现实技术目前已进入实质生产的高峰期。

虚拟现实技术改变了人机交互的方式，开创了人机界面研究的新领域，提供了工程数据可视化处理的新方法，打开了智能工程应用的新界面。

虚拟现实技术的应用领域广泛，目前已经在娱乐、教育、艺术、军事、航空、医学、机器人和汽车等领域开始应用。下面以汽车制造为例简单介绍虚拟现实技术的部分应用情况。汽车车身外观和内饰设计阶段，虚拟现实技术在多环节应用。进行油泥模型制作前，能够利用虚拟现实技术对车身进行分层处理，根据前期设计人员的草图、效果图等设计数据，通过设置光影和环境反射等参数获得能够展示实车纹理的高度仿真 1∶1 视觉模型。视觉模型评审过程中，虚拟现实技术使评审专家对设计效果的把握更直观、不抽象，视觉感受更强烈。设计人员可以根据评审专家的意见对视觉模型中存在的问题和瑕疵进行实时动态调整，快速高效完成设计优化。利用虚拟现实技术还可以发现并优化汽车操纵装置（如转向盘、变速杆、操纵手柄、按键和旋钮等）、显示装置（如显示屏、指示灯等）和座椅的设计，以及三者的空间布置，检验上下车的方便性，改善人机听觉界面，保证人机界面的合理性。福特汽车公司还将虚拟现实技术应用在汽车生产线上，使用全身动作捕捉技术跟踪每个员工手、胳膊、背、腿出力的大小和路径，利用沉浸式虚拟现实技术完成虚拟装配并进行可行性评估。据资料显示，平均每辆车在发布前要完成约 900 个虚拟装配任务，可以有效解决装配过程中出现的部件难以安装问题，并减少工伤率。

3.2.1 虚拟现实系统组成

虚拟现实系统一般由 5 个主要部分组成，分别为数据库、VR 应用软件、计算机、输入设备和输出设备，如图 3-3 所示。

虚拟现实系统本质上是一个超强仿真的人机交互系统。参与者（人）的操作通过输入设备被计算机识别，计算机经过大量的数据分析、运算和处理生成可视化的虚拟世界通过输出设备被参与者（人）感知。

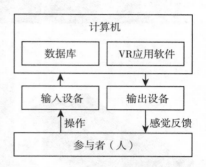

图 3-3　虚拟现实系统的一般组成

3.2.1.1. 输入设备

输入设备一般具备三维分辨能力，主要提供参与者（人）头部、手部的位置、方向和出力大小信息。常用的设备有数据手套、数据衣、三维控制器、语音输入设备和三维跟踪器等。

数据手套能够采集参与者（人）手在虚拟世界中的抓取、移动等状态，手套的手指背面附有光纤，手指弯曲时光纤的光学特性发生变化，这种变化被采集和放大后传送给数据处理软件进行识别。图 3-4 所示的数据手套为现在市面上流通的虚拟现实系统数据手套。

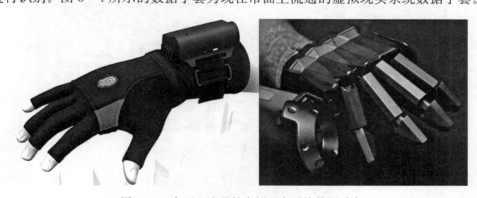

图 3-4　市面上流通的虚拟现实系统数据手套

数据衣用于采集人四肢、躯干等部位的运动状态及各关节的活动角度数据，是另一种获知和控制虚拟空间运动的方式。数据衣实物如图 3-5 所示。

三维控制器有三维鼠标、力矩球和三维扫描仪。三维扫描仪能快速便捷地将现实世界中物体和环境的特征参数（如颜色、结构尺寸、质量、表面反照率等）进行三维重建计算，以便在虚拟世界中创建实际物体的数字模型。三维鼠标和三维扫描仪实物分别如图 3-6 和图 3-7 所示。

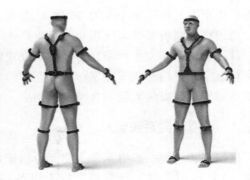

图 3-5　数据衣实物

图 3-6　三维鼠标实物

图 3-7　三维扫描仪实物

　　语音输入设备主要将参与者（人）的声音转换为计算机可以识别的电信号，常用的语音输入设备有话筒和耳麦等。

　　三维跟踪器通常使用发射器发射电磁信号，参与者（人）身上的传感器采集并解码该信号即可确定参与者（人）与发射器之间相对位置的三维坐标。有线的输入输出设备会限制参与者（人）的活动区域，无线设备的使用则能有效地避免对参与者（人）活动的限制。

3.2.1.2　计算机

　　计算机是虚拟现实系统的"心脏"，负责虚拟世界的实时渲染计算、参与者（人）和虚拟世界的实时交互计算等功能。因虚拟现实系统计算工作量大，计算机硬件必须能够提供足够的数据处理与计算能力。

3.2.1.3 数据库

数据库用于存储描述虚拟物件的各种数据，如地形模型、场景数据和建筑模型等，出现在虚拟现实系统中的所有物体在数据库中都需要有相应的模型。在高性能图像生成器中，数据库管理由实时软件自动进行。

3.2.1.4 应用软件

计算机硬件为虚拟现实提供了物质基础，应用软件能够充分发挥硬件的潜能，有效地管理和使用计算机系统的资源。虚拟现实应用软件能够完成虚拟世界中几何模型、物理模型、运动模型的构建与生成，并对虚拟立体模型进行实时显示，对虚拟世界数据库进行有效的调度和管理。

3.2.1.5 输出设备

输出设备将计算机输出的用于构建虚拟世界的电子信号转变为人所能感知的刺激信号。按照感知通道的不同，主要有图形显示设备提供的能被眼睛感知的视觉信号，声音播放设备提供的能被耳朵感知的听觉信号，其他设备提供的能被皮肤及皮下组织感知的触觉、痛觉、温度觉信号，能被舌头感知的味觉信号和能被鼻子感知的嗅觉信号等。

典型的输出设备包括视觉感知设备、听觉感知设备和触觉（力觉）感知设备等，比如3D显示器、大型投影系统、3D立体眼镜、头盔显示器、耳机、三维声音系统和触觉设备等。视觉感知设备向参与者（人）提供立体宽视野的实时场景显示。听觉感知设备提供虚拟世界三维真实感声音的输入及播放。触觉（力觉）感知设备能获得手接触物体时获得的丰富感觉信息，包括表面材质、温度、湿度、厚度和张力等。当手与虚拟物体接触时，人们希望获得相应的接触感，目前这方面的研究还不是很成熟，采用的方式有带压力板的手套以提供触觉信息，这种触觉反馈不能完全反映人们在真实世界中的感觉；力反馈设备能够很好地反映手与虚拟物体接触时的压力感，但是无法反映其他信息。图3-8所示为虚拟现实系统中所使用的头盔显示器实物。

图3-8 虚拟现实系统中所使用的头盔显示器实物

3.2.2 虚拟现实系统分类

虚拟现实系统的分类方法较多，按照沉浸程度的不同，可以分为非浸入式、半浸入式和浸入式；按照用户沉浸方式的不同，可分为视觉沉浸、听觉沉浸和触觉沉浸等；按照用户参与规模的不同，可以分为单用户式、集中多用户式和分布式等。下面主要介绍按沉浸程度不同的非浸入式、半浸入式和浸入式三类虚拟现实系统。

3.2.2.1 非浸入式虚拟现实系统

非浸入式虚拟现实系统又称为桌面虚拟现实系统，通常利用计算机和低级工作站进行虚拟世界呈现，计算机显示器是参与者（人）观察虚拟世界的窗口，鼠标、键盘等外部输入设备使参与者（人）在虚拟环境中漫游，并完成与虚拟世界的人机交互。

3.2.2.2 半浸入式虚拟现实系统

半浸入式虚拟现实系统又称为增强虚拟现实系统，是桌面虚拟现实的加强版，依然使用计算机显示器显示图像，虚拟图像叠加在参与者（人）正在观察的现实世界上。半浸入式虚拟现实系统把虚拟对象置于真实环境或真实环境的实时仿真影片当中。由于真实环境复杂多变，不像虚拟环境那样可以人工修改，半浸入式虚拟现实系统更具挑战和难度。半浸入式虚拟现实系统为了提高参与者（人）的沉浸感通常还采用头部追踪等技术。

3.2.2.3 浸入式虚拟现实系统

浸入式虚拟现实系统通常被称为虚拟现实系统，参与者可以实现视觉、听觉和触觉等感觉的全方位沉浸，通过眼睛立体观察虚拟世界，通过数据手套和/或其他设备与虚拟世界发生交互。目前，对于人体手势识别和语音识别方面的研究已经取得了一定的进展，这些技术的应用可以为虚拟现实系统提供更为友好和人性化的交互方式。

3.2.3 虚拟现实系统关键技术

沉浸感、交互性、想象性、智能性是虚拟现实系统的四大特征。要想实现这些特征，虚拟现实系统不仅需要拥有强大处理运算能力的计算机、特制的输入输出设备等硬件系统和相应的应用软件，还需要融合虚拟环境建模技术和人机交互技术等关键技术。

3.2.3.1 虚拟环境建模技术

虚拟环境建模是将真实世界的三维环境数据转换成计算机虚拟模型的过程。虚拟环境模型是对真实环境的实时仿真，具有真实环境本身所具有的实时变化、可操作和能实现人机交互等特点。

虚拟环境建模是虚拟现实系统的基础，主要包括三维视觉建模和三维听觉建模。由于人感知外界环境的全部信息中，95％以上来自视觉输入，这就决定了视觉建模的重要性。常用的视觉建模有几何建模、运动建模、物理建模和行为建模。

几何建模用几何的方法来构建三维物体模型，包括形状建模和外观建模。形状建模通过点、线、三角形和多边形等构建三维物体轮廓。外观是一种物体区别于其他物体的明显特征，虚拟物体外观的真实感主要取决于外表的颜色、纹理和表面反射。多面体的多边形表示可以精确描述物体的表面特征，细化物体多边形表示可以提高虚拟物体的真实感，但这对虚拟现实系统实时性要求高，也会增加计算机与显示系统的负担，降低视景帧刷新率。因此，几何建模常用省时的纹理映射技术，纹理映射技术能够对对象的外表进行处理，以增加细节层次及景物的真实效果，纹理大大减少了视图多边形的数目，因而提高了刷新频率。常用的几何建模软件有专用的虚拟现实建模软件 3DSMAX、Maya、MultiGen、Vega、VRT3 等，还有提供 3D 建模功能的行业性软件，比如机电产品开发常用的 Pro/E、UG、Catia、Adams、AutoCAD 等。

几何建模只能反映虚拟物体的静态特性，虚拟现实系统还要表现虚拟物体的动态特性，动态特性通过运动建模体现。运动建模要反映虚拟物体位置变化、旋转、碰撞、伸缩及表面变形等方面的属性。

虚拟物体除了具备几何特征和运动特征外，还应具备重力、惯性、表面硬度、柔软度和变形模式等物理特征，这就需要进行物理建模。物理建模常用的有分形技术和粒子系统技术。几何特征、运动特征、物理特征和行为法则共同形成更具有真实感的虚拟环境。行为法则是行为建模的依据，使虚拟现实系统能够随周围环境或人行为的变化发生符合其本质属性的变化。行为建模主要包括运动学仿真建模和动力学仿真建模。

虚拟环境模型非常复杂，在进行虚拟环境建模时，需要采用模型管理技术来提高系统的交互速度和实时性。常用的模型管理技术有细节等级（Levels of Detail，简称 LOD）管理技术和单元分割技术。LOD 技术根据模型节点在环境位置和重要度确定渲染的资源分配，在不影响画面视觉效果的条件下，降低非重要物体的几何复杂性，获得高效率的渲染运算，从而提高绘制算法的效率。单元分割技术将虚拟环境按照单元进行划分，根据视点位置渲染可视环境，能够减少计算量。

3.2.3.2 人机交互技术

参与者在虚拟现实系统中能够和虚拟世界进行视觉、听觉、触觉、嗅觉和味觉等多感官交互，目前的虚拟现实技术还不能很好地解决嗅觉和味觉上的人机交互问题，虚拟现实的人机交互研究主要集中在视觉、听觉和触觉上。

人感知响应真实世界的过程体现了人、机器与环境之间的交互过程，虚拟现实系统中人与虚拟环境的交互应该是人感知响应真实世界的全方位、多角度模拟。因此，虚拟现实系统可以分为感觉系统和行为系统，感觉系统又可分为视觉、听觉、触觉、味觉和嗅觉子系统，行为系统可分为姿势、方向、动作和表达子系统。

视觉子系统是虚拟现实感觉系统中最重要的子系统，立体显示是视觉子系统研究的关键，立体显示能够让模拟器的仿真效果更逼真，从而加强人在虚拟世界里的沉浸感受。目前，立体显示技术主要是基于现有的计算机软硬件处理能力，结合立体成像技术在平面显示器上显示立体视景，参与者（人）一般需要佩戴头盔显示器、立体眼镜等辅助设备才能观看立体影像。随着人们对虚拟现实系统感受舒适度要求的不断提高，不借助辅助观看设备裸眼观看的立体显示技术将成为研究的方向。全息显示技术就是目前比较有代表性的立体显示技术之一。

虚拟现实系统中，参与者（人）通过行为系统影响虚拟世界及自身。姿势子系统用于维持身体平衡，方向子系统用于确定人体运动的方向，动作子系统用于改变外部世界，表达子系统用手势、面部表情和语言等传达一定的信息，表达子系统较为常用的交互技术主要有手势识别、面部表情识别、眼动跟踪和语音识别等。

3.3 基于虚拟仪器的试验技术

基于虚拟仪器的虚拟试验指在计算机中对试验系统中传感器采集的信号进行试验处理、综合分析、显示与存储的试验方法，具有扩展性强、高效灵活和数据可共享等特点。

　　虚拟仪器利用计算机强大的数据处理和图形显示功能，创建虚拟仪器面板代替传统仪器的数据处理、分析与显示功能。图 3-9 就是河南科技大学设计的用于拖拉机牵引试验数据采集的虚拟仪器面板。虚拟仪器用软件实现本来由硬件实现的部分功能，即将硬件完成的部分功能"虚拟化"。

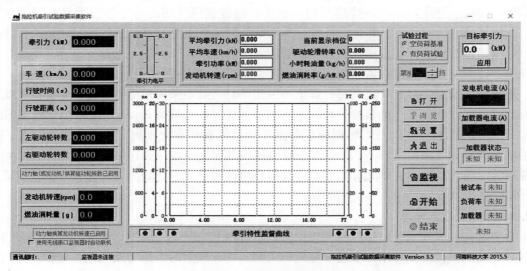

图 3-9　拖拉机牵引试验数据采集的虚拟仪器面板

　　与传统测试仪器相比，虚拟仪器系统硬件具备模块化和高度集成化特点，灵活高效的软件能够根据被测试对象按照需求创建个性化定制级别的虚拟仪器显示面板，高效地完成测试、测量和试验工作。

　　虚拟仪器系统中"仪器"的功能主要由软件完成，软件即"仪器"很好地概括了软件在虚拟仪器系统中的重要作用。在不改变硬件设备的基础上，使用者只需要调整软件配置就可以按需定义仪器功能而形成新的测试系统，这样不仅起到减少投资，降低研发成本的效果，同时还大幅缩短仪器的研发周期，提高仪器的使用效率。因此，虚拟仪器技术灵活性强，可重用度高。除此之外，虚拟仪器还易于升级和维护，并能使被测试系统规模最小化。虚拟仪器试验系统与传统试验系统比较，特点如表 3-1 所示。

表 3-1　虚拟仪器试验系统与传统试验系统的比较

项目	传统试验系统	虚拟仪器试验系统
灵活性	试验系统不易改变	容易与网络外设或其他设备连接形成新的试验系统
功能	功能固定、有限	用户根据需求自己定义，功能强大
图形显示	界面小，信息量小，人机交互能力差	界面优美，信息量大，人机交互能力好
数据分析处理能力	弱	强大
数据储存能力	弱，大部分系统完全没有	很强
核心仪器	硬件	软件

（续）

项目	传统试验系统	虚拟仪器试验系统
价格	高，性价比低	低，性价比高
扩展性	几乎无	扩展性高
开发和维护费用	高	低
开发周期	长	短
集成度	低	高，可形成试验/仪器库

虚拟仪器在专业测试、试验和复杂环境下的自动化测试、试验等方面都有很大的优势，虚拟仪器能够通过增加自检、自动定标、故障自动提示等自动化功能便可实现系统智能化测试与试验。另外，利用网络技术，使用者可以远程访问与控制虚拟仪器测试与试验系统，实时进行测试与试验系统远程监控、排错和修复处理，网络化虚拟仪器是测试与试验系统发展的重要方向。

3.3.1 虚拟仪器系统组成

虚拟仪器系统由硬件和软件两大部分组成。

图 3-10 显示了虚拟仪器硬件的具体内容。虚拟仪器系统的硬件包括以传感器、数据采集处理模块构成的外围硬件设备和以计算机为核心的系统硬件设备两部分。

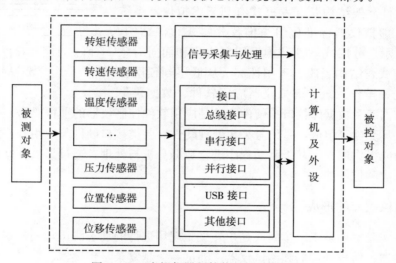

图 3-10　虚拟仪器硬件装置的基本框图

传感器能将被测对象的电量信号或非电量信号转换为标准电信号。传感器种类较多，按照被测信号的性质可以分为机械量传感器、热工量传感器、化学量传感器、参量与电量传感器。机械量传感器用于测量位移、力、速度、加速度、质量和几何尺寸等。热工量传感器用于测量温度、压力、流量和液位等。化学量传感器用于测量浓度、黏度、湿度、酸碱度、气体化学成分和液体化学成分等。参量与电量传感器用于测量表面探伤、材料内部的裂纹或缺陷、材质判别等。参量型传感器输出非源的电参量，并且使用时需要有辅助电源。输出非源的电参量一般为电阻、电容、电感和频率等，因此参量型传感器又可分为电阻式、电感式和电容式等。电量传感器输出为电量，一般不需要电源，因为它自身是有源的，故也称为发电型传感器，又称为能量控制型传感器。电量传感器可分为热电式、光电池式、电极电位式、磁电式和压电式等。拖拉机传动系虚拟试验系统中常用的传感器有转矩传感器、转速传感器、温度传感器、压力传感器、位置传感器和位移传感器等。

信号采集与处理模块主要完成传感器输出信号的转换，使其能够满足计算机微处理器的电气特性，并传输至计算机微处理器。为便于各类标准接口数据传输，接口硬件一般包含总线接口、串行接口、并行接口和 USB 接口等常见接口类型，以方便与其他智能节点系统实现数据传递与共享，使系统具备更高的扩展性能。信号采集与处理模块还应具备滤波功能，有效滤除干扰信号和不满足采样条件的信号，从而提高系统的抗干扰能力。另外，可根据系统需求设置放大器，将被采集信号调整（放大或衰减）至采样量程允许的范围内。信号采集与处理模块各硬件协同完成对被测对象信号的采集、调整和传送工作。

虚拟仪器系统的计算机硬件可以是台式计算机、便携式计算机、工作站、工业计算机，也可以是嵌入式计算机。由于工业现场运行的虚拟仪器系统不可避免地伴随有强烈振动及电源、电磁干扰，因此，工业现场运行的虚拟仪器系统一般选用抗干扰能力高和扩展接口多的工业计算机。嵌入式计算机具有便携、现场和工厂使用方便等特点。

合理的软件框架结构及开发模式有利于虚拟仪器系统的高效开发，虚拟仪器标准化组织推荐分层式软件结构，如图 3-11 所示。分层式软件结构采用模块化和面向对象的软件开发模式，结构紧凑、重用性高。从低层到顶层分别为硬件驱动、操作系统、虚拟仪器应用软件、数据采集

图 3-11　一体化测试装置的软件框架

软件接口、数据库和数据库接口。硬件驱动是应用软件控制仪器的"桥梁"，一般由函数库、实用程序和工具套件等组成，是信号采集处理硬件、各类接口硬件与应用软件的中间层。应用软件直接面向操作用户，基于驱动程序进行数据分析与处理，通过提供友好直观的测控操作人机界面完成测控任务。

3.3.2　虚拟仪器库的形成

无论是在实验室还是工厂车间或是户外试验现场进行的动态测试，测试现场都包含被测控对象、传感器、信号处理器和测试仪器。测试系统越复杂，传感器、信号处理器和测试仪器的数量越多。测试仪器和测试仪器、测试仪器和被测控对象之间需要通过物理线路连接，复杂的测试系统仪器多、线路繁杂，这就使得测试系统体积大、价格高、操作复杂，具体操作时容易出错，测试分析效率低、效果差。

虚拟仪器测试系统能从根本上改变这种测试系统的结构模式，其基本思想是将各硬件的测试功能用软件实现，每一台仪器的测试功能通过一个测试软件模块完成，所有测试软件模块最终都集成在计算机处理器里形成"测试库"，如图 3-12 所示。测试软件模块和测试软件模块之间有设计好的接口标准，进行系统测试时根据需要调用相应的软件模块即可，虚拟仪器系统工作时能够准确地实现被集成测试仪器的所有功能，实现和传统测试系统一样的功

能。按照同样的思路，将各种仪器的控制面板按照功能软件化后进行集成即可实现控件虚拟化，从而在计算机中形成"控件库"，如图 3-13 所示。

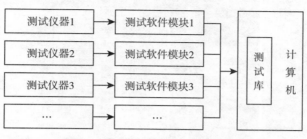

图 3-12　"测试库"形成原理图

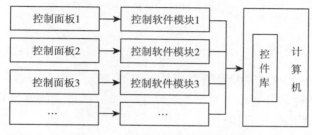

图 3-13　"控件库"形成原理图

"测试库"和"控件库"构成虚拟仪器库，用模块软件实现的测试仪器系统可以是一个有单用途的虚拟仪器，能够实现某一种测试仪器的功能，也可以是一个由多个虚拟仪器集成的多用途虚拟仪器库，能够实现多种测试功能。常用的虚拟仪器库一般具备多种用途，用户只需从仪器库中调用若干相应虚拟仪器组件或模块便可创建试验研究所需的测试系统，原理如图 3-14 所示，展现在计算机屏幕上的控件面板外观如图 3-15 所示。

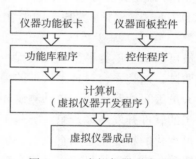

图 3-14　虚拟仪器形成过程

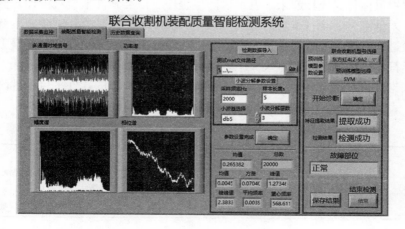

图 3-15 展现在计算机屏幕上的控件面板外观

3.3.3 虚拟仪器开发系统

搭建虚拟仪器测试系统或试验系统需要基于虚拟仪器开发平台软件（也就是虚拟仪器应用软件），开发平台软件应具有以下 3 个主要功能：能提供集成的开发环境、能提供和硬件连接的接口和能提供图形的用户接口。

按虚拟仪器开发平台软件本质属性可分为两大类，一类基于传统代码文本语言，主要有 NI 公司的 Lab Windows/CVI、Microsoft 公司的 Visual C++、Visual Basic 和 Borland 公司的 Delphi 等；另一类基于图形化编程环境，如 NI 公司的 LabVIEW 和 Agilent 公司的 VEE 等。第一类基于传统文本语言的软件平台是为专业程序员提供的集成开发环境，专业程序员可以基于该类平台利用编程语言及其提供的库函数实现程序的设计、编辑、编译、链接和调试，该类平台对技术人员的编程专业性要求较高。这类平台主要是为熟悉编程语言的设计人员编写检测系统、自动测试环境、数据采集系统和过程监控系统等应用软件提供了一个理想的软件开发环境。第二类基于图形化编程环境的软件平台提供一个图形可视化编程环境，可视化的特点就是用直观的、更便于使用和理解的图形代替抽象的编程语言、数字和功能逻辑等，设计人员只需将试验系统所需要的虚拟仪表从软件平台菜单中挑选出来，并按照操作运算过程用鼠标将其连接起来，就可以产生程序。该类软件平台对设计人员的专业性要求不高，设计人员不需要具备丰富的编程知识，只需了解测试目的和试验方案就可轻松完成整个测试试验过程。这一类软件平台尤其适合工程设计人员，界面提供的都是工程人员熟悉的术语和图形符号，操作简单，可大大减轻设计人员的编程工作，可以使设计人员将主要精力集中于测试与试验系统设计上。第二类基于图形化编程环境的软件平台因其简单易用已经被广泛应用，表 3-2 展示了图形化开发环境和文本式开发环境的特点比较。

表 3-2 图形化开发环境与文本式开发环境的比较

项目	图形化开发环境	文本式开发环境
特点	框图式程序设计	文本式程序设计
适用范围	快速组建临时或专用测试测量系统	复杂、大型、通用的高性能仪器系统

项目	图形化开发环境	文本式开发环境
编程	类似流程图的简单图形编程	编程语言文本编程
性能	生成快，便于开发和理解	生成程序小、执行效率高

目前应用最广、发展最快、功能最强的图形化软件是美国 NI 公司的 LabVIEW。Lab-VIEW 是虚拟仪器设计的专用平台，集成了常用的供应商测量硬件，使用程序框图直观地表示复杂的逻辑，使数据分析算法应用更轻松，硬件配置、测量数据和调试可以通过自定义工程用户界面一目了然。LabVIEW 不仅提供了友好的可视化界面和类似流程图的编程方式，还提供了数据采集硬件的驱动程序，而且发布了多种硬件优化和管理工具、数据处理的高级分析和开发工具包，具体包含以下方面：时域分析、频谱分析、快速傅里叶变换、多种数字滤波器、卷积处理和相关函数处理、微积分、峰值和阈值检测、波形发生、噪声发生、回归分析和数值运算等。

LabVIEW 与 C、BASIC 一样是通用的编程系统，有数量庞大的函数库和程序调试工具。函数库主要包括数据采集、GPIB、串口控制、数据分析、数据显示及数据存储等。程序调试常用的方法有设置断点、动态显示数据、子程序单步执行情况和运行结果等。另外，LabVIEW 具备编译器的功能，可产生独立运行的可执行文件。

LabVIEW 系统包含前面板和后面板 2 个部分内容，前面板可以提供外观与传统示波器、万用表、旋钮、开关、显示器、指示灯等仪器类似的控件，这些控件的不同组合集成了人机交互的图形界面。前面板使用图标、符号和连线生成，这就是图形化源代码，又称 G代码，因其在某种程度上类似于流程图，因此又被称作程序框图代码。后面板是程序的源代码。

LabVIEW 应用领域也较为广泛，最初是为测试测量而设计的，因此含有丰富的驱动程序和工具包，特别是主流的测试仪器和数据采集设备大多数都有专门的 LabVIEW 驱动程序以便于便捷地控制硬件设备。工具包几乎覆盖了用户所需的所有功能，用户只需简单地调用工具包或其中的若干函数就可以组成一个完整的测试测量应用程序。控制与测试的关联度极高，LabVIEW 有专门的模块用于控制领域。此外，LabVIEW 含有仿真所需的数学运算函数库，也可用于机电产品的原型设计和仿真等工作。

21 世纪是网络时代，互联网技术、测量技术和计算机虚拟仪器技术的结合必然产生网络化虚拟仪器。实现网络化虚拟仪器的基础是各种标准仪器的互联及其与计算机的连接问题。LabVIEW 被视为一个标准的数据采集和仪器控制软件，集成了与满足 GPIB、VXI、RS - 232 和 RS - 485 协议的硬件及数据采集卡通信的全部功能，还内置了便于应用 TCP/IP 和 ActiveX 等软件标准的库函数。

3.3.4 虚拟仪器应用及发展

随着计算机、微电子、网络、测量和传感器等技术的飞速发展，虚拟仪器在教育教学、航空航天、建筑设计、车辆工程、国防工程、生物医疗、石油化工和电子信息等领域得到了广泛应用，应用领域如图 3-16 所示。

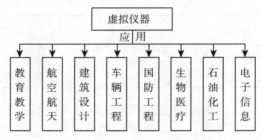

图 3-16　虚拟仪器的应用领域

虚拟仪器在教育教学领域的应用主要在高校理工科的实验教学和课题研究上。实验教学主要集中于电路原理类、信号处理分析类和电子测量类实验，另外，虚拟仪器为新冠肺炎疫情形势下开展远程教育教学提供了新方案和新思路，将互联网和虚拟仪器相结合创建网络虚拟实验室，使学生和老师足不出户即可开展网上虚拟实验教学工作。在课题研究上，可以利用虚拟仪器构建多功用测试平台，提高设备利用率，降低试验成本。

在航空航天领域，利用虚拟仪器技术可以模拟系统工作或试验环境，进行噪声测试、发动机功能测试和飞行控制系统测试等测试工作。

利用虚拟仪器技术可以创建建筑实时安全检测系统，对建筑的温度、应力和变形等表征建筑健康情况的参数进行实时在线监测，从而掌握建筑的安全情况，以便及时进行报警和处理。

在汽车领域，虚拟仪器应用在汽车研究、设计、生产和检修多个方面，不过大部分都处在理论研究阶段。在进行汽车设计和生产阶段，搭建试验测试系统需要大量的专用试验仪器与测试设备，系统庞大，硬件多而杂，每次试验测试需要多方配合，操作难度大，完成测试花费的时间长。虚拟仪器的应用使硬件实现"软件化"并能进行大规模集成，简化试验测试系统，实现试验测试设备随车行使和试验数据远程显示。虚拟仪器应用在汽车检修上能够使检修过程减少因人为判断失误而造成的"因人而异"的修车现象。

虚拟仪器价格低廉、性价比高、体积小、携带方便、操作简单和功能扩展性强的优势在临床医学领域表现得也很突出。此外，虚拟仪器系统相比于传统医学检测仪器存储能力较强，能够对患者的医学检测信息进行长期精准跟踪与永久保存，在进行医学研究时可以便捷地在第一时间对所需数据进行统计学分析和评判。

化工检测工作前后关联度高，人工操作和环境情况对实验误差影响大，传统实验过程控制不精确，导致进行实验结果分析时需进行大量重复实验。虚拟仪器在化工检测工作中应用使实验过程控制精确、实时可见，数据分析过程效率高。石油勘探过程危险环节多，虚拟仪器的应用为工作人员增加了一层人身安全屏障。

伴随着大规模集成电路技术和信息技术的快速发展，虚拟仪器未来将会向总线标准化、驱动程序标准化、软硬件模块化、编程平台图形化和硬件外挂即插即用的方向发展，网络实时通信技术和计算机分布式数据库技术的快速发展使互联网的发展速度也异常迅猛，虚拟仪器将来必定是和互联网密切联系、共同发展的仪器，"网络即仪器"也会在将来成为现实。"网络即仪器"也就是虚拟仪器实现网络化，虚拟仪器系统中的仪器可以通过协议转换接口接入互联网，仪器之间能够进行数据资源共享与远程控制。未来，工作人员可以利用互联网创建网络化虚拟仪器系统（图 3 - 17），系统中分布在不同地理位置的各网络节点操作人员可以根据需求设置网络中各节点虚拟仪器的子功能，各网络节点子功能的不同组合形成了整个网络虚拟仪器系统的功能库，任何网络节点的工作人员在任何时间都可查看网络系统中所有节点仪器的运行情况和数据显示，还可对所有网络节点进行直接和远程操作。

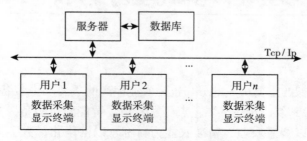

图 3 - 17 网络化虚拟仪器系统

第4章 拖拉机动力换挡传动系理论与试验技术

　　拖拉机是农业机械的重要组成部分，也是农业生产的重要动力装备。《农机装备发展行动方案（2016—2025）》及"十三五"重点研发专项"智能农机装备"均对拖拉机的创新发展提出了具体要求。以智慧农业、精准农业为目标，以网络化、数字化和智能化技术为核心，拖拉机整机向大功率、高速、低耗、智能方向和高效复式的现代作业方式发展。

　　目前，我国拖拉机传动系以固定轴式齿轮变速器为主，该类型变速器在传动效率、制造成本和结构布置等方面具有优势，因而得到广泛应用。配置该变速器的拖拉机，换挡过程由驾驶员手动操作，换挡时，先分离主离合器，再选择挡位，换挡后重新起步继续作业。由于拖拉机作业时受到的阻力变化频繁，驾驶员需要不断变换挡位才能匹配发动机动力和作业阻力，对最佳换挡时机难以把握，劳动强度大，影响作业质量和驾驶安全以及拖拉机动力性和经济性。

　　国内外拖拉机传动系统近些年普遍采用动力换挡变速机构，即动力换挡传动系（Power-shift Transmission）。该结构利用若干组摩擦元件实现拖拉机机组行进过程挡位切换，使换挡过程中进入啮合的齿轮副圆周速度不必同步就可完成挡位切换。因此，换挡过程动力不中断，换挡时间短，换挡操纵力小。由于动力换挡传动系具有不因超载熄火、拖拉机起步性能好、传动系因外载荷突变引起的振动和冲击小以及作业生产率高等诸多优点，所以特别适用于拖拉机、工程机械等低速大扭矩作业车辆。另外，由于拖拉机作业环境恶劣，这就要求发动机和传动系要适时变更转速和转矩来适应外载荷的频繁变化，以兼顾拖拉机的动力性和燃油经济性。驾驶员依靠经验决定换挡时刻的方法显然难以实现精准的最优控制，结合现代电子控制技术来实现拖拉机传动系统自动变速，从而降低驾驶员的劳动强度，改善拖拉机作业性能并提高机组生产率，已成为目前国内外拖拉机传动技术研究的一个重要方向。

　　动力换挡传动系研制过程包括产品设计、样机制造、试验验证及批量生产4个阶段。《中国制造2025》将农业机械数字化设计及验证技术列为农业装备关键共性技术，《增强制造业核心竞争力三年行动计划（2018—2020）》将提升拖拉机变速器试验验证技术列为农业装备制造业的重点任务。试验验证是动力换挡传动系新产品研发的重要环节，其技术水平决定了产品研发质量与进度。根据试验场所的不同，传统动力换挡传动系试验验证有室外试验和室内试验，试验流程为"物理样机试验—样机改进—再试验"多次循环。室外试验在拖拉机整机试验场或田间进行，试验成本高，周期长，数据样本少，试验环境和试验参数控制困难。室内试验条件虽然易于控制，不受作业季节和环境条件的限制，但同样需要进行物理样机试验，设备成本高，资源消耗大，改进周期长，难以适应新产品研制的新要求。

　　数字化设计技术在动力换挡传动系新产品设计中的应用及虚拟试验技术的发展，为动力换挡传动系虚拟试验验证奠定了基础，动力换挡传动系试验向"仿真模型虚拟试验—改进产品模型—物理样机试验验证"方向发展。虚拟试验作为一种试验新技术，贯穿产品方案设计、可行性分析、产品研发及产品试验等多个产品开发环节。虚拟试验验证技术加快了产品迭代改进，缩短了新产品研发周期，提高了新产品研发效率，试验过程绿色、安全。

4.1 动力换挡传动系原理与结构

动力换挡传动系是拖拉机的关键动力传动系统，集成了机械、电子、液压、控制和测试等先进技术，是机电液一体化产品。动力换挡传动系统动力传递路线如图4-1所示，因动力换挡变速器中设置有换挡离合器，所以拖拉机动力换挡传动系不需要另外专门设置离合器（主离合器）。拖拉机需要佩戴农机具完成田间作业，因此传动系中需设置动力输出装置将动力传递至作业机具。动力换挡变速器是动力换挡传动系的核心部件，是在传统变速器的基础上，增加换挡离合器和电液控制装置，以变速器控制单元（Transmission Control Unit，简称TCU）为核心，通过精确控制一对或多对换挡离合器分离/接合，实现载荷条件下拖拉机动力不中断的自动换挡。动力换挡传动系被广泛应用于大功率拖拉机，使拖拉机的动力性和经济性得到了最优匹配，舒适性、安全性及作业效率得到了显著提高。

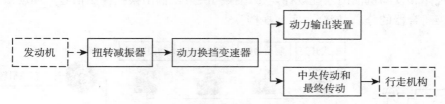

图4-1 拖拉机动力换挡传动系统动力传递路线

拖拉机动力换挡传动系的主要功能如下：①传递动力，拖拉机行驶过程使发动机的动力可靠地传递至驱动轮，同时，使发动机传到驱动轮的转速降低，转矩增加；②在发动机工作转速变化不大的情况下，改变拖拉机行驶速度；③必要时切断发动机至驱动轮的动力传递，实现起步、换挡及短时间停车等；④实现拖拉机倒车行驶；⑤实现动力输出轴（Power Take Off，简称PTO）动力输出，针对特定的作业需求，如播种、旋耕、喷雾和施肥等，向作业机具传递动力。拖拉机机组田间作业的牵引阻力随机波动性大，动力换挡变速器需要切换挡位以适应牵引阻力的变化，使发动机工作在最佳工况区域。传统的手动换挡与动力换挡变速器的输出转矩特性如图4-2所示。手动换挡时，变速器输出转矩间断，田间作业的拖拉机行驶惯性力远小于牵引阻力。因此，换挡时拖拉机会停止行驶，换挡完成后需重新起步，严重影响了作业效率和作业质量。动力换挡保证了变速器输出转矩的平稳和连续性，可以实现

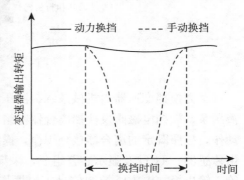

图4-2 手动换挡与动力换挡变速器输出转矩特性

动力不中断负载换挡，提高了作业效率和作业质量。

根据换挡自动程度，动力换挡传动系分为部分动力换挡和全动力换挡 2 种类型。部分动力换挡传动系由手动变速和自动变速 2 部分组成，其自动变速由 TCU 根据换挡策略控制换挡离合器分离/接合实现自动换挡。部分动力换挡传动系在部分传动比区段内实现了自动换挡，缓解了驾驶员劳动强度，但仍不满足拖拉机智能化作业的要求。全动力换挡传动系能够实现拖拉机所有挡位的自动换挡，在作业效率、燃油消耗、舒适性和耐久性等方面均具有明显优势。动力换挡拖拉机与手动换挡拖拉机性能对比如表 4-1 所示。

表 4-1 动力换挡拖拉机与手动换挡拖拉机性能对比

传动系类型	动力传输	燃油消耗	换挡时间	换挡冲击度	作业效率	劳动强度
手动换挡	中断	高	1~2s	大	低	大
部分动力换挡	段间中断	中	0.5~1s	中	中	中
全动力换挡	不中断	低	0.15~0.45s	小	高	小

动力换挡变速器工作原理如图 4-3 所示，通过采集作业模式开关信号、换挡手柄位置信号等驾驶员意图信号和发动机转速、农机具状态信号等拖拉机其他部件反馈信号，TCU 根据换挡规律和发动机油门匹配规律，做出换挡决策，输出换挡控制信号，驱动液压执行机构完成换挡离合器的分离/接合，实现换挡。

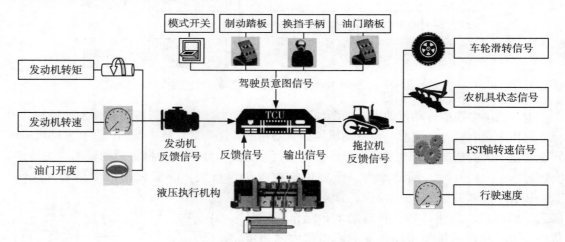

图 4-3 动力换挡变速器工作原理图

动力换挡变速器由机械系统、液压系统和控制系统组成。液压系统是换挡执行机构，由液压泵、换挡电磁阀及换挡离合器等组成，主要作用是根据换挡信号，换挡电磁阀做出响应动作，按照既定的离合器接合规律，操纵换挡离合器分离/接合，实现自动换挡。控制系统由传感器、TCU 及显示装置组成，采集传感器等信息，依据换挡规律、策略，做出换挡决策，输出换挡电磁阀控制信号。根据拖拉机作业要求，控制系统还具有强制降挡、驱动防滑、定速巡航和地头自动转向等电子辅助功能，提高作业效率的同时，进一步降低驾驶员劳动强度。控制系统作为拖拉机 CAN 总线节点，使动力换挡传动系能够与发动机控制系统、监控系统、故障诊断系统等拖拉机其他控制系统通信，实现了拖拉机信息共享。

  拖拉机动力换挡变速器按照机械系统的工作原理和结构的不同，有定轴轮系和周转轮系2种结构。部分动力换挡变速器一般采用定轴轮系结构，全动力换挡变速器常采用周转轮系或者定轴轮系结构。

  图4-4中所示的结构为典型全动力换挡变速器采用的机械结构，在所示结构中，除控制四驱离合器外，利用其他10个离合器组成19个前进挡和4个倒退挡。图4-5所示的全动力换挡变速器传动结构简图中，主副变速串联，挡位达到24个前进挡和6个倒退挡。这2种全动力换挡变速器都采用定轴轮系结构，结构简单、制造容易、维修方便、零件通用性好，在动力换挡传动系产品中得到广泛应用。这2种定轴轮系变速器传动比多级分配，传动比大，结构尺寸和质量小，能在离合器相对转速较低的情况下，获得较大的驱动力和变速器传动范围。但也存在齿轮模数大，变速器横向尺寸大的缺点。另外，实现每一个挡位参与工作的齿轮数多，传动效率偏低。

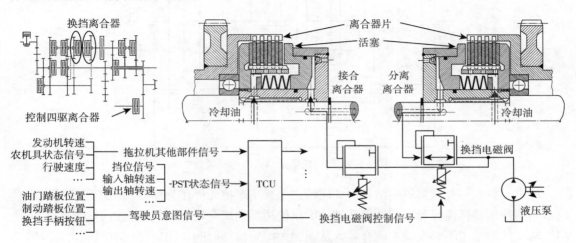

图4-4　典型全动力换挡变速器结构图

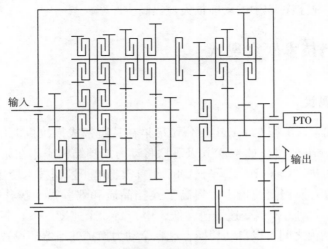

图4-5　全动力换挡变速器结构简图

　　如图 4-6 所示的周转轮系全动力换挡变速器，通过 3 个制动器、3 个换挡离合器、3 个行星机构和 1 个自由轮机构，实现 10 个前进挡和 2 个倒挡。采用周转轮系的动力换挡变速器结构紧凑，传动效率较高，设计恰当的话可以用较少的行星机构获得较多的挡位，转矩传递分散在多个行星轮上。因此，主要传动构件的支承上无径向载荷，构件刚度好。此类周转轮系全动力换挡变速器结构复杂，制造加工和装配精度要求均较高，甚至有的还需要采用多层套轴结构，而使零件轴向定位较难，制造成本高。另外，由于行星机构中有些齿轮转速高，这些齿轮轴承使用寿命会降低，行星轮轴承还受到较大的离心力，工作环境更为恶劣。各行星排受装配和闭锁等因素的影响，难以获得理想的传动比。因此，在农业拖拉机上使用的不多。

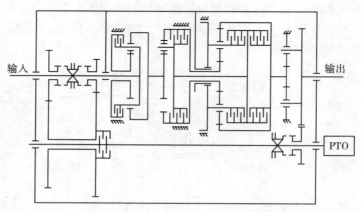

图 4-6　周转轮系全动力换挡变速器

　　所有动力换挡变速器机械结构的共同特点是采用摩擦元件作为换挡机构进行换挡，定轴轮系结构使用换挡离合器，定轴轮系结构不仅使用换挡离合器，还使用换挡制动器。这种换挡机构使传动系中不必设置主离合器，从而大大缩短换挡时间，使发动机与驱动轮之间的动力传递快速断开，以便于拖拉机平稳起步和加速，并限制作用在发动机和传动装置零件上的转矩，减少拖拉机在换挡过程中的动能损失，提高生产率。

4.2 动力换挡技术研究现状

4.2.1 国外研究现状

　　20 世纪 50 年代末，美国 Caterpillar 公司最早在其履带式拖拉机上使用动力换挡结构。随后，美国 John Deere 公司和 Case 公司及苏联将动力换挡结构应用在轮式拖拉机上，使动力换挡技术得到了发展。Case IH 公司于 1982 年首次将电子控制技术使用在其 Steiger Panther 1 000 拖拉机动力换挡变速器上，提高了换挡品质和驾驶员的操作效率。之后，New Holland 公司生产的全动力换挡变速器包含低、中、高 3 个速度区段，每个区段分别含有 6 个工作挡位，所有挡位之间可以自动切换。这款全动力换挡变速器还设置了田间作业、牵引作业、动力输出作业和运输几种作业模式。田间作业模式下，通过与发动机进行联合调速可以优化性能。牵引作业模式下，遇大载荷时的换挡控制策略为先提高发动机转速增加转矩，当前挡位转矩不能再增加时再降低挡位。动力输出作业模式下，考虑到载荷波动因素，通过切换变速器挡位以确保发动机转速保持不变。运输模式下，系统会在下坡作业时自动保持挡位来达到发动机制动的效果。John Deere 公司生产的部分动力换挡变速器，设置了 5 个速度区段，每个区段内含 4 个挡位，段间切换采用同步器，区段内以牵引力和发动机转速为控制参数实现挡位自动切换。另外，还有 Case IH 公司、Same 公司、McCormick 公司和 Allis Chalmers 公司等在所生产的拖拉机上配备部分动力换挡变速器，AGCO Case 公司、Allis 公司、Ford 公司、Class 公司和 Case IH 公司等在所生产的拖拉机上配备全动力换挡变速器。

目前，国外动力换挡技术相对成熟，John Deere，CNH 集团旗下的 Case IH 和 New Holland，AGCO 集团旗下的 Fendt、Massey Ferguson 和 Valtra，SDF 集团旗下的 Deutz－Fahr 等拖拉机生产企业都有系列动力换挡产品。除 John Deere 公司及 Case 公司部分重型拖拉机（150kW 以上）以全动力换挡为主外，其他品牌均以部分动力换挡为主。

4.2.2　国内研究现状

国内动力换挡变速技术最早应用在工程机械上。广西柳工集团有限公司 1970 年将液力传动行星式动力换挡变速器使用在 Z450（后改为 ZL50）装载机上，该变速器采用双涡轮液力变矩器，结构较为复杂，效率较低，但工作时没有功率中断，生产率较高。之后，我国又先后引入的德国 ZF 公司电液控制定轴式变速器和日本 TCM 叉车变速器等技术，使我国这一行业的变速器水平有了较大提高。吉林大学、同济大学等高校也对液力自动变速控制技术展开了研究，这些研究主要集中在汽车和工程机械上，这一阶段动力换挡变速器广泛应用于叉车、平地机、推土机、装载机和压路机上，关于动力换挡变速器在农业拖拉机上的应用研究比较少。

中国一拖集团公司从 2010 年开始与国外相关单位合作，将动力换挡变速技术应用于东方红系列大功率拖拉机上，并研发出了产品，开拓了动力换挡变速技术在拖拉机上应用的先河。我国现阶段已有多家企业开展动力换挡变速相关方面的研发工作，如中国一拖集团公司、福田雷沃国际重工股份有限公司、中联重科股份有限公司、五征集团、山东常林、江苏常发和常州东风等。中国一拖集团公司研发的 LZ 及 LF 系列动力换挡传动系，福田雷沃国际重工股份有限公司研发的 TN 系列动力换挡传动系、中联重科股份有限公司研发的 PL 系列动力换挡传动系和五征集团研发的 PH 系列动力换挡传动系等动力换挡产品，均采用部分动力换挡型式，已开始应用于大、中功率拖拉机。

与国外比较，我国仍处于动力换挡技术引进消化吸收的起步阶段。国内拖拉机研究机构和生产企业通过引进、吸收国外动力换挡技术，具备了基本的动力换挡传动系产品研发制造能力。

4.3 动力换挡传动系试验方法与技术

4.3.1　动力换挡传动系性能与评价方法

动力换挡传动系性能试验主要对其换挡品质、控制系统性能、传动效率及可靠性等性能进行评价。

换挡品质对动力换挡传动系零部件寿命和驾驶员操纵舒适性具有重要的影响,品质的提升以换挡迅速、平稳、无冲击和动力不中断为目标,采用换挡时间、冲击度和滑摩功为换挡品质评价指标。换挡时间指 TCU 做出换挡判断至换挡完成的时间,与控制软件反应速度、换挡电磁阀响应速度和执行器响应速度有关。冲击度与换挡离合器接合速度成正比,且对拖拉机行驶速度变化率有一定影响。滑摩功与换挡离合器接合时间及换挡离合器主动盘、从动盘转速差有关,接合时间短,转速差小,则滑摩功小。冲击度与滑摩功均与换挡离合器接合时间有关,且二者相互牵制,换挡离合器接合时间短,冲击度大,滑摩功小,反之,换挡离合器接合时间长,冲击度小,滑摩功大。

控制系统性能指换挡离合器分离/接合和目标挡位控制过程的快速性、稳定性、准确性,性能的优劣取决于换挡规律和换挡策略两方面,是拖拉机动力换挡变速器的技术核心。换挡规律主要指换挡过程中换挡离合器的分离/接合规律,包括分离/接合时间、分离/接合速度及分离/接合逻辑关系等。换挡策略是在换挡规律的基础上,结合驾驶员意图和拖拉机作业工况,实现不同工况下的动力换挡传动系不同换挡规律,满足拖拉机在田间作业和运输作业等不同工况下对燃油经济性和动力性的不同需求。控制系统性能的评价可通过拖拉机动力性、燃油经济性及操纵舒适性等性能综合做出评判。

传动效率指动力换挡传动系输出功率与输入功率比值,由前进挡位传动效率加权得到,权值由挡位使用时间决定。传动效率对拖拉机燃油经济性有重要影响。

可靠性指动力换挡传动系在规定试验条件或实际作业条件下,无故障运行各项预设功能的能力。动力换挡传动系可靠性评价指标包括首次故障前平均工作时间、平均故障间隔时间、平均停机故障间隔时间和无故障性综合评分值。

根据性能评价手段的不同,动力换挡传动系性能评价方法分为模型评价方法和试验评价方法。动力换挡传动系模型评价方法指通过对动力换挡传动系运动学模型或动力学模型的解析,求得性能评价指标相关参数,对动力换挡传动系性能做出归纳和判断的方法。席志强等建立了动力换挡传动系动力学模型,利用动力换挡传动系输出转速和输出转矩作为评价指标,对动力换挡传动系换挡控制策略进行了验证优化。

动力换挡传动系试验评价方法指在模拟或实际工况下,利用测试设备直接或间接测量性能评价指标相关参数,通过分析试验结果,对动力换挡传动系性能做出归纳和判断的方法。与模型评价方法比较,其试验对象和试验工况更接近于动力换挡传动系实际作业,得到的评价结果更客观、更可靠,拖拉机动力换挡传动系主要试验内容如表 4-1 所示。

表 4-1 拖拉机动力换挡传动系主要试验内容

试验项目	试验目的	试验方法
轴轮、齿轮焊合件疲劳强度试验	检验轴轮、齿轮焊合件焊缝疲劳强度	台架
离合器核心零部件试验	验证分离碟簧、分离弹簧性能及强度	台架
换挡/换向/PTO 离合器测试	测试湿式离合器转矩-压力关系和响应时间	台架
换挡/换向/PTO 离合器试验	测定离合器基本参数;通过 50 000 次分离、接合,测定离合器寿命	台架

（续）

试验项目	试验目的	试验方法
同步器换挡测试	验证同步器换挡操作的初步性能、功能	台架
控制及润滑系统压力和流量测定	测量和调整液压系统输出压力	台架
换挡控制策略验证试验	验证动力换挡传动系换挡控制策略的有效性和实用性	半实物
控制器验证试验	验证动力换挡传动系控制器性能	半实物
基本功能试验	检验装配正确性、油面高度、油密封和零件噪声	台架
润滑测试	调整系统润滑流分配；检验油流量压力；分析油温对润滑的影响	台架
倾斜试验	标记润滑极限位置；检验极限位置润滑油的供应	台架
初始耐久试验	验证齿轮、轴承、轴等零件寿命	台架
初始换挡试验	检验换挡和换向离合器可靠性和润滑油量分配；通过 5 000 次换挡操作检查离合器磨损	台架
效率试验	测定各挡传动效率、油温、散热功率等指标	台架
结构疲劳振动试验	检测传动零部件、壳体等强度和耐久性	台架
操纵系统性能及功能测试	测量踏板、手柄、操纵杆的操纵力、位移基本参数，评估操纵机构人机工程性能	台架
强度及耐久性试验	测试动力换挡传动系强度及耐久性	试验场/台架

表 4-1 中，部分试验项目可根据试验标准完成，达到试验目的。例如，行业标准《拖拉机传动系效率的测定》（JB/T 8299—1999）对拖拉机传动系传动效率试验载荷施加方法、传动效率计算方法、评定指标和参数测定方法进行了具体规定。行业标准《农林拖拉机和机械负载换挡传动装置可靠性试验方法》（JB/T 11319—2013）对动力换挡传动系可靠性试验条件、试验样品参数、试验设备、故障分类、判断规则及性能评价指标体系作了详尽描述。此外，还有部分动力换挡传动系试验以研究、验证为目的，按照研究的重点和需要验证的内容进行试验设计，用于指导产品设计和验证产品性能优化结果。例如，控制及润滑系统压力及流量测定试验、动力换挡传动系换挡控制策略验证试验等。

4.3.2　动力换挡传动系试验技术

动力换挡传动系试验技术作为一项综合性强、集成度高的系统知识，对动力换挡传动系产品性能的判定和评估起着重要的作用。国内外拖拉机相关研究机构对拖拉机试验技术研究投入了大量精力，通过研究先进的试验技术和方法，以便能够高效、节能和精确地完成试验。国内外拖拉机企业和相关试验机构的研究推动了拖拉机试验技术的进步，John Deere、CNH、AVL、FIAT 等拖拉机生产企业均拥有严格的试验方法和先进的试验手段。美国内布拉斯加州拖拉机测试实验室（简称 NTTL）、德国农业协会（简称 DLG）、日本农业机械化研究所（简称 IAM）和我国国家拖拉机质量监督检验中心（COTTEC）等 27 个国家的 30 个拖拉机试验站依据经济合作与发展组织（OECD）农林拖拉机官方试验标准规则能够对拖拉机各项性能进行试验认证。

目前，动力换挡传动系试验技术以传感器信息采集、计算机控制和电液操作为基础，可以实现连续换挡，测试过程自动化，测试精度及试验效率都得到了提高。根据试验场所的不同，动力换挡传动系试验可分为室内台架试验、试验场试验及田间试验。

4.3.2.1 室内台架试验

室内台架试验测试条件易于控制，试验结果易于获取，不受作业季节和环境条件的限制。因此，动力换挡传动系及其关键零件和关键性能的测试一般进行室内台架试验。拖拉机动力换挡传动系室内台架试验如表 4-2 所示。

表 4-2 拖拉机动力换挡传动系室内台架试验

序号	分类			试验名称	试验类别	试验要求	试验资源	
	系统	子系统	零/部件				试验对象	试验条件
1	传动系	离合器	离合器摩擦元件	主离合器和动力输出轴离合器摩擦衬面性能评价	功能验证	FIAT	零/部件	试验台
2	传动系	离合器	离合器分离轴承	分离轴承性能及强度验证试验	功能验证	—	零/部件	试验台
3	传动系	离合器	离合器操纵机构	离合器操纵机构性能及功能测试	功能验证	—	子系统	试验台
4	传动系	离合器	离合器分离弹簧	分离弹（碟）簧性能及强度验证试验	功能验证	—	零/部件	试验台
5	传动系	离合器	主、副离合器	主、副离合器台架试验可靠性试验	耐久试验	FIAT	零/部件	试验台
6	传动系	变速箱	润滑	子系统润滑测试	功能验证	AVL	零/部件	试验台
7	传动系	变速箱	变速箱	基本功能试验	功能验证	AVL	子系统	试验台
8	传动系	变速箱	变速箱	倾斜试验	功能验证	AVL	子系统	试验台
9	传动系	变速箱	变速箱	控制及润滑系统压力及流量测定	功能验证	AVL	子系统	试验台
10	传动系	变速箱	变速箱	同步器换挡测试	功能验证	AVL	子系统	试验台
11	传动系	变速箱	变速箱	（换挡、换向、4WD）离合器测试	功能验证	AVL	子系统	试验台
12	传动系	变速箱	变速箱	误操作（超速）测试	功能验证	AVL	子系统	试验台

序号	分类			试验名称	试验类别	试验要求	试验资源	
	系统	子系统	零/部件				试验对象	试验条件
13	传动系	变速箱	变速箱	接触印痕测试	耐久试验	AVL	子系统	试验台
14	传动系	变速箱	变速箱	初始耐久试验（1 200h）	耐久试验	AVL	子系统	试验台
15	传动系	变速箱	变速箱	初始换挡试验（5 000 次/挡）	耐久试验	AVL	子系统	试验台
16	传动系	变速箱	湿式离合器	换挡离合器台架试验（50 000 次）	耐久试验	AVL	零/部件	试验台
17	传动系	变速箱	湿式离合器	换向离合器台架试验（50 000 次）	耐久试验	AVL	零/部件	试验台
18	传动系	变速箱	湿式离合器	PTO 离合器台架试验（50 000 次）	耐久试验	AVL	零/部件	试验台
19	传动系	变速箱	换挡操纵机构	测试换挡软轴的寿命（25 万次）	耐久试验	AVL/FIAT	零/部件	试验台
20	传动系	传动系	传动系	传动系效率试验	功能试验	—	系统	试验台
21	传动系	传动系	传动系	传动系热平衡试验	功能试验	—	系统	试验台
22	传动系	传动系	传动系	传动系结构疲劳震动试验	耐久试验	AVL	整机	试验台
23	传动系	变速箱	轴轮、齿轮焊合件	轴轮、齿轮焊合件焊缝疲劳强度试验	功能验证	—	零/部件	试验台
24	传动系	传动系	传动系	传动系极限转速及载荷试验	功能验证	AVL	系统	试验台
25	传动系	变速箱	湿式离合器	动力换挡/换向、PTO 离合器台架接合分离试验	功能验证	AVL	零/部件	试验台
26	传动系	变速箱	湿式离合器核心零部件	湿式离合器核心零部件试验	功能验证/耐久试验	—	零/部件	试验台

（续）

序号	分类			试验名称	试验类别	试验要求	试验资源	
	系统	子系统	零/部件				试验对象	试验条件
27	传动系	变速箱	操纵机构	操纵系统性能及功能测试	功能验证/耐久试验	—	整机	试验台
38	传动系	变速箱	换向器	轮式拖拉机机械换向器试验	耐久试验	FIAT	零/部件	试验台

对于拖拉机动力换挡变速器离合器试验台试验主要有主离合器和动力输出轴离合器摩擦衬面性能评价、分离轴承性能及强度验证试验、离合器操纵机构性能及功能测试、分离弹（碟）簧性能及强度验证试验和主、副离合器台架试验可靠性试验。主离合器和动力输出轴离合器摩擦衬面性能评价试验可以评价离合器摩擦衬面的性能及寿命，检测摩擦系数、片厚、磨损量、热负荷等，以确定是否可用于后续离合器装配调试；分离轴承性能及强度验证试验可以验证离合器分离轴承性能及寿命，以确定是否可用于后续离合器装配调试；离合器操纵机构性能及功能测试可以对操纵机构的舒适性进行评估，踏板、手刹、操纵杆、操纵力、位移基本参数测定，检测分离、接合的平顺性，操纵机构人机工程测试；离合器分离弹簧试验可以测定分离弹（碟）簧变形量、特性及强度以确定是否可用于后续离合器装配调试；主、副离合器试验可以评价离合器性能及寿命，测定静摩擦转矩、温升、滑摩功、压紧力等。

对于拖拉机动力换挡变速器变速箱试验台试验主要有子系统润滑测试、基本功能试验、倾斜试验、控制及润滑系统压力及流量测定、同步器换挡测试、（换挡、换向、4WD）离合器测试、误操作（超速）测试、接触印痕测试、初始耐久试验（1 200h）、初始换挡试验（5 000次/挡）、换挡离合器台架试验（50 000次）、换向离合器台架试验（50 000次）、PTO离合器台架试验（50 000次）、测试换挡软轴的寿命（25万次）、轴轮和齿轮焊合件焊缝疲劳强度试验、动力换挡/换向、PTO离合器台架接合分离试验、湿式离合器核心零部件试验、操纵系统性能及功能测试、轮式拖拉机机械换向器试验等。子系统润滑测试可以验证设计，调整子系统润滑流分配（离合器、轴、喷淋等）；基本功能试验可以确定可用于功能试验的传动系，如确定装配正确性等；倾斜试验可以确保极限位置时油的供应及发现油的极限位置；控制及润滑系统压力及流量测定可以测量和调整液压系统，完成子系统入口处的压力值与子系统润滑试验定义值相同（基本功能试验）；同步器换挡测试可以测量所有同步器的换挡质量，验证同步器换挡操作的初步性能、功能试验，以确定同步器选配是否合适，为后续设计提供依据；（换挡、换向、4WD）离合器测试可以检查所有湿式离合器的特性，扭矩压力关系和响应时间；误操作（超速）测试可以确定轴承和离合器在高速/高差速情况下正常工作；初始耐久试验（1 200h）可以验证负载下的齿轮等计算和润滑，验证传动系的离合器、齿轮、轴承、轴等零件的寿命，为设计提供验证；初始换挡试验（5 000次/挡）可以验证动力换挡和换向离合器的计算；换挡离合器台架试验（50 000次）可以初步验证动力换挡离合器的可靠性，基本参数测定，分离、接合试验，静摩擦转矩测定，寿命试验，换向离合器台架试验（50 000次）可以初步验证动力换向离合器的可靠性；基本参数测定，分离、接合试验，静摩擦转矩测定，寿命试验，PTO离合器台架试验（50 000次）和测试换挡软轴的寿命（25万次）试验均为耐久性试验；轴轮、齿轮焊合件焊缝疲劳强度试验可以检验轴轮、齿轮焊合件焊缝疲劳强度；动力换挡/换向、PTO离合器台架接合分离试验可以通过对湿式离合器总成进行台架试验，验证离合器接合、分离的平顺性和稳定性，为后续设计提供依据；湿式离合器核心零部件试验可以对分离碟簧、分离弹簧性能及强度验证试验；操纵系统性能及功能测试可以对操纵机构的人机工程进行评估，踏板、手柄、操纵杆以及操纵力和位移基本参数测定，检测换挡的平顺性、耐久性；轮式拖拉机机械换向器试验可以检查转向器的性能和耐久性。

对于拖拉机动力换挡变速器传动系试验台试验主要有传动系效率试验、传动系热平衡试验、传动系结构疲劳震动试验、传动系极限转速及载荷试验。传动系效率试验可以测定传动系各挡传动效率，以及对应工况下的油温、散热功率等指标；传动系热平衡试验可以通过对传动系总成进行热平衡试验，检验传动系在不同工况下传动系油冷系统性能，为后续整机散热器匹配等提供依据；传动系结构疲劳震动试验可以模拟拖拉机承载不同的负荷的工况进行试验，检测传动零部件、壳体等在正常工作条件下的强度及耐久能力；传动系极限转速及载荷试验可以通过该试验测试CVT传动系能够输出的极限转矩和极限转速。

图4-7为洛阳国家拖拉机质量监督检验中心（简称COTTE）开发的湿式离合器性能试验台架。湿式离合器是动力换挡传动系关键零件，与干式离合器比较，内部结构增加了液压控制和润滑系统，结构复杂，控制参数多。该台架用于测定换挡/换向/PTO离合器基本参数、转矩与压力关系和响应时间，为离合器的控制提供基础数据，可以完成离合器分离、接合试验及耐久性试验。

图4-7　湿式离合器性能试验台架

动力换挡传动系工作过程中产生的热量需要润滑系统冷却，各个部件润滑流量的分配直接决定动力换挡传动系的冷却散热效果。动力换挡传动系润滑流量试验台架（图4-8）能够对动力换挡传动系轴系进行多测点、多工况（光轴/组件工况、室温/高温工况）试验，工作效率及测量精准度高，有效解决了动力换挡传动系轴系空间紧凑、油温高、测点交叉喷射、人工测试难度大的问题。

图4-8　动力换挡传动系润滑流量试验台架

动力换挡传动系基本功能试验能够及早诊断动力换挡传动系前期故障，避免动力换挡传动系系统压力和零件安装位置异常、磨损严重等现象，对提高产品的工艺装配质量及整机性能有着重要的作用，图4-9为动力换挡传动系基本功能检测台架。该检测台架具有自动完成动力换挡传动系箱体内的油液清洗、检测，验证传感器采集系统性能，研究动力换挡控制机理和离合器电磁阀驱动技术，检测多离合器协同换挡状态参数等功能。

图4-9 动力换挡传动系基本功能检测台架

动力换挡传动系试验台架能够自动控制动力换挡传动系进行挡位切换和换向，模拟田间载荷，可进行动力换挡机构性能验证与评估、动力换挡传动系耐久性试验。SIEMENS研制的传动系试验台架应用电机加载技术，动态模拟发动机特性和整机阻力特性，取得了良好的试验效果。国家拖拉机质量监督检验中心、南京农业大学和河南科技大学等单位均开发了以电封闭内循环驱动加载技术为核心的动力换挡传动系试验台架，实现了田间载荷的室内精确复现。台架采用电机加载，与电涡流缓速器加载、水力测功机加载及机械封闭加载相比，载荷容易控制，响应速率快，能量回收率高。图4-10为300kW拖拉机传动系试验台架，该试验台架是基于交流变频多机驱动与加载的功率回馈试验系统，对驱动/加载电机和被试对象进行了模块化编程控制，用于拖拉机传动系性能试验与研究，节能高效。

图4-10 拖拉机传动系试验台架

朱思洪等利用拖拉机传动系试验台架对ZF公司T7 336型变速器进行了多种工况下液压系统动态特性试验，根据载荷特性，设定变速器输入/输出轴转速/转矩，分析了液压系统压力和流量在换挡过程中的变化规律。席志强利用传动系试验台架模拟发动机载荷和田间载荷，验证了动力换挡传动系换挡控制策略仿真研究结果的正确性。

底盘测功机（图4-11）通过模拟拖拉机田间载荷，在室内可以对拖拉机的动力性能、经济性能和排放性能进行考核。与总成台架试验相比，底盘测功机不需要进行拖拉机与台架之间支撑联接件的设计，同时能够综合测试拖拉机系统性能。利用底盘测功机能够进行拖拉机工作过程中的动力换挡传动系热平衡试验，综合考核动力换挡传动系润滑系统的冷却散热性能。

图 4-11　拖拉机底盘测功机

在底盘测功机性能提升研究方面，桂旭阳利用 CAN 总线技术提高了底盘测功机的数据传输效率和系统抗干扰性。胡志龙等利用电模拟技术产生行驶阻力和加速阻力，取代了飞轮组件，提高了底盘测功机阻力输出的连续性。史伟伟利用快速原型开发技术对底盘测功机的加载系统进行了模糊 PID 控制，提高了输出阻力精度。

4.3.2.2　试验场试验

试验场试验采用标准化的试验场和试验流程，对拖拉机性能进行试验验证。对动力换挡传动系而言，试验场试验与室内台架试验相比，试验环境更接近于实际作业环境。试验场试验能对动力换挡传动系性能、动力换挡传动系与拖拉机其他系统之间的匹配性能进行系统测试，可将拖拉机在实际作业过程中出现的多种状况强化形成试验条件，缩短试验周期。图 4-12 为拖拉机试验场试验。

（a）颠簸试验　　　　　　　　（b）牵引试验　　　　　　　　（c）坡道试验

图 4-12　拖拉机试验场试验

《农业拖拉机　试验规程　第 20 部分：颠簸试验》（GB/T 3871.20—2015）对拖拉机颠簸试验中障碍物规格及位置、测量传感器安装位置、轮胎气压和颠簸次数进行了规范，用于对拖拉机支撑系统、系统间联接件在振动、冲击条件下的可靠性进行测评。

《农业拖拉机　试验规程　第 9 部分：牵引功率试验》（GB/T 3871.9—2006）对牵引试验条件、设备和方法进行了规范，利用牵引试验结果分析拖拉机牵引特性，同时对动力换挡传动系挡位设置的合理性进行验证。李忠利等采用 BP 神经网络算法对牵引试验中负荷车加载系统进行动态加载控制，使负荷车输出载荷更接近于被试车实际作业载荷，利用无线技术实现了测试数据的无线传输和被试车、负荷车、工作仓之间的无线通信。表4-3为拖拉机动力换挡传动系的场地试验。

表4-3 拖拉机动力换挡传动系场地试验

序号	分类			试验名称	试验类别	试验要求	试验资源	
	系统	子系统	零/部件				试验对象	试验条件
1	传动系	离合器	离合器总成	离合器可靠性试验	耐久试验	—	整机	场地
2	传动系	传动系	传动系	变速箱和传动系统强度及耐久性试验	耐久试验	FIAT	整机/系统	场地/试验台

对于拖拉机动力换挡变速器传动系场地试验主要有离合器可靠性试验和变速箱和传动系统强度及耐久性试验。离合器可靠性试验可以对离合器总成、抽拉软轴、手刹可靠性试验；变速箱和传动系统强度及耐久性试验可以对轮式拖拉机的变速箱及传动系部件在跑道和台架上进行强度及耐久性。

4.3.2.3 田间试验

田间试验与拖拉机实际作业环境完全相同，试验结果反映了拖拉机的真实性能。图4-13为拖拉机机组田间试验，机组在试验过程中受到的土壤阻力和行驶阻力是随机的，这种随机特性在室内台架试验和试验场试验不可能完全复制。因此，田间试验是拖拉机性能的终极考核。但是，田间试验环境恶劣，存在测试数据容易污染、仪器操作不便和仪器工作可靠性差等问题。

（a）犁耕作业试验　　　　（b）旋耕作业试验　　　　（c）深松作业试验

图4-13 拖拉机机组田间试验

随着测控技术、总线技术和数据处理技术的发展，传统的动力换挡传动系试验技术在测试参数精度、测试设备性能和试验数据处理等方面得到了提高，但是试验仍然以物理样机为基础，受地域、试验数据格式和数据传输协议等因素影响，试验设备之间相互关联、协同运行较为困难。随着虚拟技术及动力换挡传动系产品数字化设计技术的进步，动力换挡传动系虚拟试验技术得到快速发展。虚拟试验技术将动力换挡传动系试验环节融到产品设计的各个阶段，通过虚拟试验迭代优化产品模型，减少物理样机试验次数，降低了动力换挡传动系产品研制风险。与物理样机试验相比，虚拟试验具有产品试验成本低、迭代优化周期短、重复利用率高、试验过程绿色安全等优点。因此，虚拟试验是动力换挡传动系试验技术发展的主要方向。

4.3.3 动力换挡传动系虚拟试验技术

4.3.3.1 虚拟实验概念与原理

虚拟试验综合虚拟样机技术、仿真技术、虚拟现实技术、虚拟仪表技术、网络技术及数据库技术等多种试验与测试技术，模拟物理样机试验过程，利用虚拟试验系统完成虚拟样机试验数据的产生、测取及评价。虚拟试验系统中模型复杂、不易建立的部分可以用实物试验设备代替，进而提高虚拟试验准确度。虚拟试验基本思想是利用软件方法多角度、多层次模拟物理试验，达到与物理试验接近或一致的试验结果。虚拟试验内容丰富、形式多样。目前，没有形成统一的定义，广义上，任何不使用或部分使用物理硬件建立试验系统，运行系统达到试验目的，获得理想试验结果的方法和技术都可称为虚拟试验。

4.3.3.2 动力换挡传动系虚拟试验现状与发展趋势

虚拟试验侧重于对试验对象、试验环境和测试仪器的模拟，相应形成基于虚拟样机的虚拟试验、基于虚拟现实的虚拟试验和基于虚拟仪器的虚拟试验。

（1）基于虚拟样机的虚拟试验 随着产品开发软件工具 CAx 的功能逐渐强大，虚拟样机技术从包含简单信息的单功能数字模型发展成多领域、多层次的复杂数字模型，可贯穿产品开发全生命周期。不同领域、不同应用目的，对虚拟样机定义的理解也不同，BOHM M、BLOOR M S、GIANNI F 和熊光楞均对虚拟样机的定义进行了描述。描述可分为两类，两类定义的本质是一致的，认为虚拟样机是在一定程度上具有与物理样机功能相当的数字化模型。两类定义的区别在于对虚拟样机的应用层次不同，一类对虚拟样机进行特定条件下的数值模拟分析，评价产品设计和装配基本性能；另一类将虚拟样机和虚拟现实相结合，模拟实际作业条件下虚拟样机的动态反应，评价产品更深层次的性能。基于虚拟样机的虚拟试验则指对虚拟样机进行动态仿真研究的过程。对虚拟样机的试验并行于新产品设计各个阶段，且试验过程可重复、周期短，对产品的迭代改进便捷。

基于虚拟样机的虚拟试验技术在复杂机械产品全生命周期开发中得到广泛应用，包括航天航空设备、船舶产品、汽车产品及机器人产品等。在拖拉机产品开发中，基于虚拟样机的虚拟试验技术也有所涉及。王娟等建立了拖拉机变速器虚拟样机，对某挡位啮合齿轮进行了虚拟试验，得到的齿轮啮合力时域、频域特性与理论计算值相符。谢斌等建立了农业机械制动系统虚拟样机，设置不同挡位及不同行驶速度试验条件，利用 Adams 软件进行了制动系统虚拟试验，虚拟试验结果与实车试验结果一致。张文华采用同样的方法，对拖拉机虚拟样机的侧倾稳定性进行了静态和动态虚拟样机试验，虚拟试验结果与实车试验结果误差在 5% 以内。杨超峰基于逆向工程建立了拖拉机造型虚拟样机，建立了虚拟样机技术可视化平台，为拖拉机造型虚拟试验奠定了基础。图 4-14 为拖拉机动力换挡传动系虚拟样机，利用 Ansys 软件可完成动力换挡传动系轴轮、齿轮焊合件焊缝疲劳强度虚拟试验和动力换挡传动系箱体强度虚拟试验；利用 Adams 软件可以完成动力换挡传动系传动效率虚拟试验；配套控制器开发软硬件可以完成动力换挡传动系控制策略验证虚拟试验。

图 4-14　拖拉机 PST 虚拟样机

目前，基于虚拟样机的虚拟试验在拖拉机产品开发中的应用以数值模拟分析为主，虚拟试验方法是通过三维软件建立拖拉机或零部件虚拟样机，导入 CAE 软件对虚拟样机性能进行分析，得出试验结论。该试验方法在单一学科研究领域已得到广泛应用，但是虚拟样机不同性能试验需要采用不同领域的 CAE 软件，开发不同的软件接口，没有形成多领域软件协同运行的系统支持或平台支持。

（2）基于虚拟现实的虚拟试验　虚拟现实包括两方面内容：现实世界虚拟化和虚拟世界真实化。现实世界虚拟化指将现实空间映射到多维虚拟空间，虚拟世界真实化指让人在虚拟世界里感受到真实的存在。在农业机械领域，虚拟现实技术指虚拟样机在虚拟环境中进行农业生产活动，从活动中研究虚拟样机性能优劣的技术。基于虚拟现实的虚拟试验指采用环境建模技术、可视化技术、人机交互技术构建虚拟现实系统，在系统中对产品虚拟样机性能进行评价。

目前，基于虚拟现实的拖拉机虚拟试验主要集中在虚拟试验视景的建立，该试验视景具有沉浸、交互、构想特征。利用该试验视景对拖拉机虚拟样机进行试验，侧重于人机互动，可视化技术是其研究重点，图 4-15 为拖拉机虚拟现实试验视景。

图 4-15　拖拉机虚拟现实试验视景

阎楚良等指出了在农业机械数字化设计中虚拟现实试验的重要性，在农业机械数值仿真的基础上，建立虚拟试验视景，将整机模型通过 STL（Stereo Lithography）格式转换植入虚拟试验视景可以进行产品性能试验。华博等通过研究虚拟现实场景建模技术，依照中国农业机械试验中心试验场标准试验环境，建立了农业机械三维典型试验视景，将拖拉机模型通过数据格式转换嵌入该虚拟试验场进行了拖拉机制动性能虚拟试验，同时为拖拉机牵引试验、颠簸试验、农田作业通过试验及驾驶员视野测量试验等提供了虚拟现实场景。翟志强等建立了田间作物行虚拟现实场景，利用该场景研究拖拉机双目视觉导航性能，完成了基于虚拟现实的拖拉机导航虚拟试验。臧宇等建立了拖拉机虚拟试验系统平台，该平台包括道路视景、田间作业视景，能够完成拖拉机基本性能试验，同时试验人员能够沉浸感受试验过程。苑严伟等建立了拖拉机虚拟试验场，拖拉机在虚拟试验场中沿作物行行驶，利用对速度、方向控制产生的试验数据实时驱动 4 自由度模拟试验台，实现了虚拟现实试验与物理样机试验的交互控制。

目前，在基于虚拟现实的拖拉机虚拟试验中，虚拟视景建模软件、被试对象建模软件及试验过程控制软件较多，在建模速度、精度、准确度等方面各有特点。但是，不同虚拟现实场景之间缺乏关联，没有形成统一的虚拟现实试验平台及接口规范。

（3）基于虚拟仪器的虚拟试验

随着测量技术与计算机技术的发展，仪器技术经历了模拟仪器、数字仪器、智能仪器、虚拟仪器 4 个阶段。虚拟仪器指利用 I/O（输入/输出）接口设备对传感器信号进行采集、调理，上位机对采集到的信号分析、处理并以控制面板的形式显示的仪器系统。虚拟仪器包括硬件和软件两部分，硬件包括 I/O 接口设备和上位机，其中上位机一般为工业计算机、PC 机或工作站，软件开发平台根据开发语言的不同分为文本式开发平台和图形化开发平台。美国国家仪器有限公司是虚拟仪器技术创始者，开发的 I/O 接口设备及开发软件 LabVIEW 在测控领域占有重要地位。基于虚拟仪器的虚拟试验指在计算机中对试验系统中传感器采集的信号进行综合处理、分析、显示与存储的试验方法，具有扩展性强、高效灵活、数据共享等特点。图 4 - 16 为研究开发的拖拉机液压机械式无级变速器（HMCVT）试验台虚拟仪器面板。

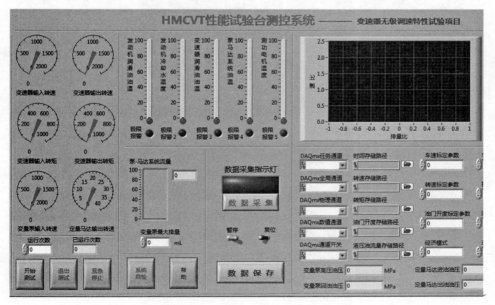

图 4 - 16　液压机械式无级变速器试验台虚拟仪器面板

拖拉机试验现场操作空间有限、试验过程振动较大，虚拟仪器技术可有效缓解这些问题，因此，虚拟仪器在拖拉机及零部件性能试验中得到应用。郁飞鹏等利用LabVIEW软件和凌华数据采集卡对拖拉机动力换挡传动系换挡性能测试中液压系统压力和流量参数进行了采集、分析、显示及存储。鲍一丹、何勇等利用虚拟仪器技术开发了拖拉机综合性能测试系统，替代了测量制动力、车速、灯光、噪声、烟度等参数的专用检测设备。祝青园等将虚拟仪器技术应用在农业装备测控试验中，改善了传统测量中分布式仪器相互独立的状况，能够对共性参数集中共享。曾国军等搭建了拖拉机噪声信号测试系统，利用虚拟仪器技术集中解决了噪声数据采集、存储、声强频谱分析及试验结果显示等问题。王立大等将虚拟仪器技术、传感器技术、数据库技术及网络技术相结合，实现了拖拉机综合性能的网络化虚拟试验。张小龙、吴媞等利用虚拟仪器技术建立拖拉机综合测试系统，对拖拉机的燃油经济性和电性能进行了虚拟试验，虚拟试验结果与场地实车试验结果相符。

目前，基于虚拟仪器的拖拉机虚拟试验主要利用图形化编程语言LabVIEW编写试验程序，配套数据采集器采集数据，在计算机上建立试验数据处理、分析、显示及存储等模块。但是，虚拟试验系统内数据传输属于数据采集器到虚拟仪器的点对点传输，没有形成标准统一的数据传输机制，这种数据传输方式限制了虚拟试验系统功能的扩展。

虚拟样机技术、虚拟现实技术和虚拟仪器技术在动力换挡传动系或拖拉机虚拟试验中均得到应用，但目前的虚拟试验以特定的试验任务或明确的研究需求为引导，不同虚拟试验系统相互孤立。由于建模方法不同、数据格式不同、传输协议不同、软硬件驱动不匹配等原因，不同虚拟试验系统之间没有联系、不能相互借用，造成虚拟试验系统的功能扩展较为困难。因此，动力换挡传动系虚拟试验系统发展方向是解决模型的重用性、互操作性、系统的扩展性问题，从系统级虚拟试验向体系级虚拟试验过渡。

第5章　动力换挡传动系虚拟试验体系构建技术

动力换挡传动系虚拟试验系统可模拟动力换挡传动系物理试验过程，为创制动力换挡传动系新产品提供虚拟试验技术支撑。动力换挡传动系虚拟试验系统的体系结构研究已成为虚拟试验技术发展的关键，通过虚拟试验系统构建技术的研究，构建动力换挡传动系虚拟试验系统共性技术支撑平台，融合现有软件和试验设备，借助试验流程管理、数据管理、人机交互监控服务、试验结果评价等技术，提高动力换挡传动系虚拟试验系统的扩展性、重用性和互操作性，在物理试验资源和虚拟试验验证工具之间建立数据交换的桥梁，实现对动力换挡传动系虚拟试验系统"试验设计—试验运行—试验分析"全生命周期的支持。

5.1　虚拟试验体系功能及构建原理

5.1.1　虚拟试验体系功能

动力换挡传动系虚拟试验系统是一套分布式平台，以计算机为载体，以虚拟模型为对象，在虚拟环境下模拟运行动力换挡传动系试验过程，通过对试验输出结果的分析，实现对动力换挡传动系性能的预测与评价，该系统可贯穿动力换挡传动系新产品开发整个流程。

虚拟试验系统需要以性能稳定的运行支撑框架为基础，能够融合多领域商用软件，支撑多领域分布式建模，集试验时间管理、试验流程和数据管理、虚拟作业环境、监控服务、虚实验证及试验结果评价于一体，实现对动力换挡传动系性能的预测和评价。

（1）运行支撑框架　运行支撑框架承载虚拟试验系统，在动力换挡传动系不同的试验项目要求下，运行支撑框架需要扩展配置不同的软硬件模块。因此，该框架需要具有良好的扩展性，通过统一标准规范软硬件接口，支撑系统内部软硬件数据实时互通。

（2）多领域分布式建模　动力换挡传动系建模涉及机械、电子、液压、控制多个领域模型，不同领域模型具有异地、异网、异构特性。因此，虚拟试验系统需要支持多领域分布式建模，提供建模规范，实现模型并行开发与重复使用。

（3）试验时间管理　虚拟试验系统需要具备试验过程的时间管理功能。动力换挡传动系虚拟试验过程中多领域模型应当同步动态变化，仿真步长与系统时间推进相互协调，保持一致，保证虚拟试验系统运行符合事物客观规律。

（4）试验流程和数据管理 动力换挡传动系虚拟试验系统需要具备灵活通用的试验流程编制功能，标准化的常用试验流程基本指令，固化的流程编制文件格式，为试验人员提供流程编辑和管理的工作界面，满足不同试验项目的需求。

动力换挡传动系虚拟试验数据来源多、体量大、结构复杂、实时性强、关联度高，系统需要对试验数据统一存储与管理，提供上传、下载、查看、检索和修改等服务。

（5）虚拟作业环境 拖拉机主要用途有田间作业、固定作业及运输作业。由于农机具类型、土壤类型、作业方式及运输路面条件的不同，拖拉机承受的载荷不同，动力换挡传动系作为主要的拖拉机动力传动系统，其所处的载荷环境也不同，该载荷由土壤对农机具及驱动轮的作用力决定。

（6）监控服务 监控服务应当具备监视和控制功能，能够进行试验参数的动态显示、试验流程的控制、试验异常的捕获和试验参数的修改等操作，为试验人员提供图形化的监控界面，方便试验人员跟进试验进程。

（7）虚实验证 动力换挡传动系电控系统控制参数多、控制策略复杂，对动力换挡传动系电控系统的虚拟试验可采用快速控制原型或硬件在环的半实物仿真试验。因此，虚拟试验系统需要能够融合硬件设备，具备虚实验证的功能。

（8）试验结果分析 虚拟试验结果是指导动力换挡传动系产品创新设计的依据，试验结果的置信度既反映了系统的可信度，又对产品实际设计提供精准的判断。因此，虚拟试验系统能够根据试验数据提供可靠地试验结果分析方法或工具。

动力换挡传动系虚拟试验系统作为一套集分布式建模、管理、监控、验证、评价于一体的平台，应当具有良好的系统可扩展性、模型可重用性、模型互操作性和实时性等性能，具体如下。

（1）系统可扩展性、模型可重用性 对于动力换挡传动系新开发的虚拟试验项目，可能涉及多领域的仿真软件或者硬件设备，这些软件及硬件要能够快捷地融入虚拟试验系统，并与系统现有资源无缝整合。同时，系统中现有的模型能够移植到其他虚拟试验系统。因此，系统需要具有良好的可扩展性和可重用性。

（2）模型互操作性 动力换挡传动系多领域分布式建模采用不同的仿真语言和仿真运行环境，每个领域都是一个独立的模块，领域之间存在大量的信息交互和数据传输任务。因此，系统需要具备面向对象的建模能力，具有良好的互操作性，采用统一的机制解决不同模块之间的互联互通问题。另外，互操作性还体现在虚拟试验系统应当能够与其他系统进行信息交换上。

（3）实时性 动力换挡传动系虚拟试验系统中既有软件之间的数据传输，也有软硬件之间的通信。因此，要求系统具有较高的实时性，保证试验过程中数据的实时更新，尤其在有硬件设备参与的试验项目中，数据传输的实时性更为重要。

（4）其他性能 虚拟试验系统要具备一定的容错能力和良好的适应性及可靠性。

5.1.2 虚拟试验系统构建原理

动力换挡传动系虚拟试验系统应能满足 5.1.1 所阐述的功能和性能需求，其原理图如图 5-1 所示，由功能实现模块、数据传输模块和运行管理模块组成。

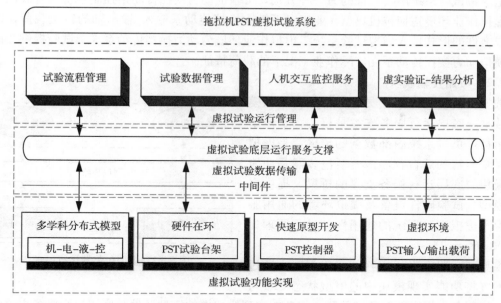

图 5-1 拖拉机动力换挡传动系虚拟试验系统原理图

5.1.2.1 功能实现模块

功能实现模块为虚拟试验提供试验仿真模型、试验硬件及虚拟试验环境，包括动力换挡传动系多领域模型、动力换挡传动系试验台架、动力换挡传动系控制器及虚拟作业环境模型。

动力换挡传动系多领域分布式模型包括机械系统、液压系统、控制系统及系统之间的解耦运算。机械系统主要为动力换挡传动系三维模型，包括零部件外形尺寸、装配关系、材料属性，以及其等效转动惯量、等效刚度、等效阻尼系数。液压系统包括变量泵/马达、换挡电磁阀、换挡离合器、底盘散热旁通阀和配套农机具多路阀。控制系统输入参数包括动力换挡传动系输入/输出轴转速/转矩、换挡离合器摩擦转矩、换挡离合器主、从动片角速度、发动机油门开度、拖拉机行驶速度、挡位信号及油路压力/流量，输出参数为多路电磁阀控制信号。

动力换挡传动系试验台架可验证动力换挡传动系模型的准确性和建模精度。动力换挡传动系试验台架包括多电机加载驱动系统、液压供给系统、共直流母线电气系统及控制系统，其中，控制系统可接入虚拟试验系统。动力换挡传动系试验台架能够为动力换挡传动系提供多种类型的可控载荷，满足不同工况的试验需求，其机械结构如图 5-2 所示。

动力换挡传动系控制器通信接口可接入虚拟试验系统，对模型进行控制。快速开发

图 5-2 动力换挡传动系试验台架机械结构图

原型是虚拟试验系统虚实验证的另一种方式，可验证动力换挡传动系控制系统的有效性。

　　虚拟作业环境指拖拉机典型作业工况下动力换挡传动系输入/输出轴的转矩载荷，以数据库或文件的形式接入虚拟试验系统。虚拟作业环境为动力换挡传动系虚拟试验提供载荷边界，模拟动力换挡传动系在实际作业工况下的载荷特征。

5.1.2.2　数据传输模块

　　数据传输模块包括底层运行服务支撑和模型包装器。底层运行服务支撑是核心，掌控系统的运行，负责系统内部数据的传输，是虚拟试验系统运行的后台程序。模型包装器是功能实现模块与底层运行服务支撑的桥梁，提供多领域模型、试验硬件设备及虚拟环境的通用服务，保障虚拟试验系统的通用性，运行原理如图 5-3 所示。

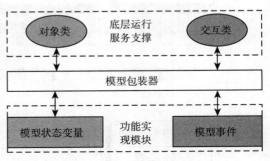

图 5-3　模型包装器运行原理

　　模型包装器定义了完善的接口规范，通过运行配置将功能实现模块中的模型状态变量与底层运行服务支撑中的对象类关联，将功能实现模块中的模型事件与底层运行服务支撑中的交互类关联。虚拟试验运行时，功能实现模块可以动态加入试验，通过模型包装器发布各子模块的状态变量和更新事件。模型状态变量包括多领域分布式模型参数、动力换挡传动系试验台架控制参数、动力换挡传动系选换挡控制参数及动力换挡传动系输入/输出载荷参数。模型事件包括模型状态变量的发送请求和接收响应。

5.1.2.3　运行管理模块

　　运行管理模块驱动虚拟试验系统运行，提取系统数据，完成数据管理、数据显示、数据分析及试验结果评价等任务。该模块包括试验流程管理、试验数据管理、人机交互监控服务及试验结果评价等功能。

　　（1）试验流程管理　试验流程管理除了基本的试验条件（试验项目、试验模型、试验环境等）设置外，主要是对试验推进过程的管理。由于虚拟试验系统有硬件设备加入，虚拟试验时间度量与硬件设备时间度量必须一致。因此，虚拟试验系统试验推进需采用基于步长的时间推进机制，虚拟试验流程管理如图 5-4 所示。

　　当虚拟试验开始时，根据试验项目设置试验时间推进策略（基于步长和基于事件的时间推进策略），然后注册同步点（启动同步点、运行同步点、退出同步点）。根据试验项目需要，功能实现模块发布交互类和订购对象类，并等待响应功能实现模块的加入。试验流程管理收到虚拟试验开始命令后，所有试验模型/设备同步运行，进入虚拟试验循环。当收到试验暂停命令后，虚拟试验系统暂停；当收到试验结束命令后，虚拟试验系统结束，所有试验模型/设备同步退出虚拟试验系统。

　　（2）试验数据管理　试验数据管理在数据传输模块规范的数据范围内，对试验配置数据、试验模型数据、试验实时运行数据及试验结果数据进行存储、读取。数据库技术为虚拟试验提供后台数据支撑，可增强试验数据的安全性和虚拟试验系统的健壮性。由于动力换挡传动系虚拟试验系统运行实时数据及试验结果数据量庞大，单独采用数据库管理时，试验数

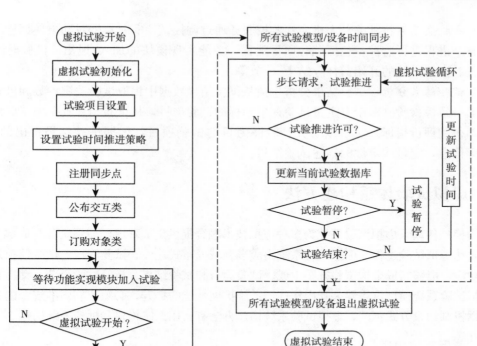

图 5-4 虚拟试验流程管理图

据会影响数据库运行速度，降低试验推进效率。因此，通过共享工作空间对数据库进行补充，试验数据管理模式如图 5-5 所示。

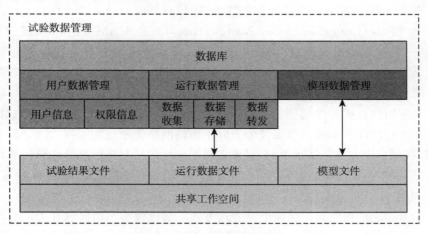

图 5-5 试验数据管理模式

试验数据管理包括两部分：数据库和共享工作空间。其中，数据库又包括用户数据管理、运行数据管理和模型数据管理。用户数据管理分为用户信息和权限信息。运行数据管理对虚拟试验实时数据进行收集、转发、存储，数据的存储只保留数据存储的路径。模型数据管理对虚拟试验涉及的虚拟模型保存路径进行存储，而真正的模型文件则存放在共享工作空间。另外，共享工作空间还包括试验结果文件和虚拟试验推进过程中产生的运行数据文件。

（3）人机交互监控服务 人机交互监控服务通过调控试验实时数据对动力换挡传动系虚拟试验整个进程进行监控，包括试验项目配置、功能实现模块的加入/退出、试验时间推进策略设置、虚拟试验的开始/暂停/结束/回放等。

（4）试验结果分析 试验结果分析包括从试验结果数据中提取试验关键参数和进行试验结果数据一致性检验。对于有定量试验评价指标的试验项目，从试验结果数据中获取评价指标参数，得到评价指标。对于以研究、验证为目的试验项目，依据试验结果得出的数据、图、表等信息，定量或定性的描述试验结果。

5.2 虚拟试验体系构建方法

动力换挡传动系虚拟试验系统为多种虚拟技术融合提供集成环境，使系统各组成部分统一协调的表达虚拟试验过程。虚拟试验系统集成多领域分布式建模、试验管理、试验监控及试验评价等功能，能够完成虚拟试验方案生成、试验运行和试验结果分析等试验环节。动力换挡传动系虚拟试验系统模型重用性、互操作性、系统扩展性能的提升，必须依靠标准统一的建模机制，根据机制约束方式不同，虚拟试验系统构建方法有通用系统构建和框架系统构建。

5.2.1 通用系统构建

通用系统构建方法是指基于系统耦合理论，遵守数据表达、推理机制及知识语义一致性原则构建系统的方法。

产品数据交换标准（Product Data Exchange Standard，简称 STEP）通过统一规范数字化产品信息交换机制，解决了产品计算机辅助设计（Computer Aided Design，简称 CAD）和计算机辅助制造（Computer Aided Manufacture，简称 CAM）之间数据交换的问题。CATIA、UG、Pro/E 等 CAD 软件均支持 STEP，可实现不同软件之间数据动态交换。可扩展的标识语言（eXtensible Markup Language，简称 XML）描述系统间传输数据和数据结构，常用于网络异构系统间的数据传输。STEP 和 XML 的结合解决了异地异构系统间的数据传输，系统重用性、扩展性增强。Medani O 等利用 STEP/XML 数据转换技术建立了数字化产品加工可行性评价系统。李聚波等研究了齿轮网络化制造加工技术，分析了齿轮模型STEP/XML 数据交换方法，基于 Web 服务实现了齿轮产品制造信息异地异构的数据交换与共享。但 STEP 和 XML 只是对系统局部数据交换机理进行规范，没有形成系统语义（Semantic）的统一。

本体（Ontology）提供知识层面语义表达方式，通过模型术语概念和关系的词汇集，实现多领域统一建模。统一建模语言（Unified Modeling Language，简称 UML）是通用的图形化标准建模语言，支持面向对象的可视化系统开发，适合于并行、分布式系统的建模。本体和 UML 能够从系统模型构建全局出发，在语义层面上实现了建模方法的统一，但这种系统构建方式需要重新建立基础模型，对现有模型的利用率低、开发难度大、实现成本高。

5.2.2 框架系统构建

框架系统构建方法是指基于公共技术支撑框架，根据实际工程需求构建系统的方法。目前，系统构建主要支撑框架有高层体系结构（High Level Architecture，简称 HLA）、Agent、客户机/服务器（Client/Server，简称 C/S）架构及数据分发服务（Data Distribution Service，简称 DDS）等。

HLA 定义了联邦成员（Federate）内部和联邦成员之间的数据交换规则，规范了联邦（Federation）建立、运行、退出机制，为系统构建提供了统一支撑框架，HLA 在复杂机械产品虚拟试验方面得到了广泛应用。BMW 公司利用 HLA 实现了汽车产品数字化设计与生产，提高了产品研发效率。曹文杰整合现有仿真资源，基于 HLA 技术设计了虚拟仿真应用系统，实现了训练场试验数据的互联、互通、互操作。

基于 Agent 技术的系统构建方法将系统分割为多个 Agent 个体，明确了个体之间数据传输原理，为系统形成提供了自下而上的构建思路。尹桥宣等利用 HLA/Agent 技术将多 Agent 个体作为 1 个联邦成员形成通信系统与能源系统的联合仿真系统，充分发挥了 Agent 的智能性和 HLA 的通用性。C/S 架构将系统任务分解成若干子任务，由多台客户机完成，服务器为客户机提供服务。宋慧波利用 HLA 与 C/S 架构开发了多领域联合仿真系统，完成了航天发射地面装载车辆的并行开发。

DDS 定义了系统分布式节点之间数据交换规则，明确了数据分发服务实现框架，类似于 HLA 结构，但在实时数据分享方面优于 HLA。张志鹤等基于 HLA/DDS 建立了半实物仿真系统，提高了系统可扩展性和模型互操作性的同时，解决了 HLA 系统中实物参与仿真引起的数据传输实时性差的问题。

框架系统构建方法目前主要以 HLA 框架融合其他技术为主，充分发挥各自优点形成多领域分布式仿真系统。与通用系统构建方法相比，该方法能够充分利用现有模型资源，但需要解决模型与框架之间数据交换问题。

目前，基于框架体系的复杂机械产品虚拟试验技术在航天、航空及军工领域均得到成熟应用，国外成熟的虚拟试验体系结构有美国开发的分布式交互仿真 DIS（Distributed Interactive Simulation）、HLA、通用训练设备体系结构 CTIA（Common Training Instrumentation Architecture）、试验与训练使能体系结构 TENA（Test and Training Enabling Architecture）。国内现有虚拟试验体系有中国航天一院开发的虚拟试验验证使能体系框架 VITA（VIrtual Test and evaluation enabling Architecture）、北京理工大学开发的虚拟靶场体系结构 VRA（Virtual Range Architecture）和华北电力大学开发的虚拟试验运行支撑软件框架 VTSF（Virtual Test Support soft Framework），国内外主要虚拟试验系统支撑体系结构对比如表 5-1 所示。

表 5-1　国内外主要虚拟试验体系结构

体系名称	体系特点	应用领域
DIS	集成不同仿真技术、产品及平台，实现分布式交互	通用
HLA	通用的分布式仿真技术框架	通用
DDS	分布式数据通信技术框架	通用
CTIA	集成军事训练软、硬件设备	军事试验与训练

（续）

体系名称	体系特点	应用领域
TENA	集成各靶场软、硬件试验资源	军事试验与训练
VTSF	采用软总线技术管理试验进程	军工
VRA	采用模拟与计算试验方法及 SIERRA 服务	军工
VITA	与 TENA 类似	航空、军工

表 5 - 1 中，DIS、HLA、DDS 3 种分布式体系结构的定义和规范源码公开，但在虚拟试验环境模拟、试验模型建立、试验资源应用及试验结果评价等方面具有应用领域特征，在拖拉机动力换挡传动系等农业机械领域的应用研究鲜有报道。其余的体系结构属于各自应用领域独特的构架，且对外实行技术封锁。

5.3 基于 HLA - DDS 的虚拟试验体系构建过程

5.3.1 动力换挡传动系虚拟试验系统设计

通过对动力换挡传动系虚拟试验系统功能和原理分析表明，单一领域的虚拟试验不能满足动力换挡传动系虚拟试验多领域分布式建模的需求，简单的多领域虚拟试验不能满足动力换挡传动系虚拟试验可扩展性、可重用性的需求。动力换挡传动系虚拟试验系统是覆盖多领域的试验系统，应该面向试验对象，构建集试验项目配置、试验模型构建、试验过程监控、试验数据分析、试验结果评价于一体，支持虚实验证的分布式虚拟试验平台。需要通过对满足该平台要求的系统支撑体系进行分析和设计，构建基于支撑体系的动力换挡传动系虚拟试验系统。

5.3.1.1 支撑体系对比分析

动力换挡传动系虚拟试验系统构建采用框架系统构建方法。虚拟试验系统有 2 种支撑体系，即 HLA 与 DDS。HLA 被对象管理组织（Object Management Group，简称 OMG）和美国电气和电子工程师协会（Institute of Electrical and Electronics Engineers，简称 IEEE）认定为分布式仿真系统架构标准。DDS 是 OMG 制定的满足实时性要求的分布式仿真系统架构规范。2 种支撑体系针对分布式系统节点间数据交互提供系统架构标准，均为虚拟试验系统可扩展性、模型可重用性、模型互操作性提供了解决方案。可以从体系结构和运行服务 2 方面分析 HLA 与 DDS 在可扩展性、可重用性、互操作性等性能方面的实现机理。

（1）体系结构 HLA 规范了规则（Rules）、对象模型模板（Object Model Template，简称 OMT）和接口规范（Interface Specification）3 部分内容。规则明确了 5 条联邦需满足的要求和 5 条联邦成员需满足的要求。OMT 定义了 HLA 对象模型的通用框架，保证了虚拟试验系统互操作性和重用性，OMT 包括联邦对象模型（Federatin Object Model，简称 FOM）、仿真对象模型（Simulation Object Model，简称 SOM）和管理对象模型（Management Object Model，简称 MOM）。根据接口规范开发的运行支撑环境（Run Time Infrastructure，简称 RTI）是虚拟试验系统运行的基础，为虚拟试验系统运行提供了联邦管理、声明管理等 7 项服务。

DDS 以层次的形式规范了数据交换行为，DDS 规范了 2 层接口服务，底层为以数据为中心的订阅/发布层（Data Centric Publish Subscribe，简称 DCPS），上层为数据本地重构层（Data Local Reconstuction Layer，简称 DLRL）。DCPS 与 HLA 中的 RTI 功能类似，提供系统运行支撑环境，DLRL 则为 DCPS 与应用层之间的桥梁，应用层可通过调用 DLRL 封装的类访问数据。

HLA 与 DDS 体系主要功能是促进分布式系统的互操作和重用，二者体系结构如图 5-6 所示。

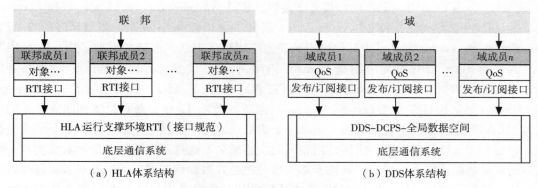

图 5-6　HLA 与 DDS 体系结构

在图 5-6（a）中，基于 HLA 体系结构开发的分布式仿真应用集合称为联邦，每个具体应用称为联邦成员，联邦成员由对象组成，联邦成员通过 RTI 接口加入 RTI，通过 RTI 与其他联邦成员交互信息。

在图 5-6（b）中，基于 DDS 体系结构开发的分布式仿真系统中能够互相通信的域成员组成域，形成逻辑网络，域成员具有相同的域名。域成员可以定制自己的服务质量策略，域成员通过发布/订阅接口加入 DCPS 的全局数据空间，与其他域成员交互信息。DDS 一定程度上借鉴了 HLA 体系组建思想，因此，二者具有相似之处，体系结构映射关系如表 5-2 所示。

表 5-2　HLA/DDS 体系结构映射关系表

HLA	DDS	HLA	DDS
HLA 规则	无	联邦成员大使	监听器类
HLA-OMT	DDS-DLRL	对象类	核心主题
HLA-RTI 接口规范	DDS-DCPS 模型和 API	交互类	主题
联邦	域	属性更新	创建核心主题更新
联邦成员	域成员	属性反映	读取核心数据实例
RTI 大使	域参与者，发布者，数据写入者，订阅者，数据读取者	发送交互	写入非核心实例
		接收交互	读取非核心实例

表 5-2 中，从规则、对象模型、接口规范 3 方面对 HLA 与 DDS 体系结构进行了映射关联。HLA 定义了 10 条规则，规范了联邦和联邦成员的行为，DDS 虽然没有定义任何规则，但是不排斥采用既定规则建立的分布式仿真应用。

HLA-OMT 定义了联邦和联邦成员对象模型模板标准，DDS-DLRL 层定义了 1 个 UML 元模型，该元模型规定了可以用 DLRL 描述的对象关系。HLA-OMT 中的 FOM/SOM 开发相当于 DDS-DLRL 中仿真实例开发。

HLA-RTI 接口规范与 DDS 中 DCPS 通信模型和用 UML 及 IDL（Interface Description Language）描述的应用程序接口（Application Programming Interface，简称 API）相对应。HLA-RTI APIs 指定了 2 类主要接口：RTI Ambassador（RTI 大使）和 Federate Ambassador（联邦大使）。RTI Ambassador 定义了可以接入中间件工具（RTI）的 API，Federate Ambassador 定义了中间件可用于通知应用程序更新和事件的回调 API。DDS 中与 RTI Ambassador APIs 相对应的是 Domain Participant（域参与者），Publisher（发布者），Data Writer（数据写入者），Subscriber（订阅者），Data Reader（数据读取者）。与 Federate Ambassador 相对应的是 Listener classes（监听器类）。DDS 更新对象实例属性子集的机制与 HLA 不同，DDS 中每个对象实例属性子集必须建立 1 个核心主题，作为 1 个单元进行更新。每个"属性子集"核心主题使用相同的核心域名，这样可以适用于公共对象实例。数据写入者（数据读取者）绑定"属性子集"核心主题并附加到"对象类"发布者（订阅者）。

（2）运行管理　HLA 通过提供联邦成员接口和对象的通用规范，实现仿真系统的可重用性和互操作性，联邦成员之间采用以事件为中心的发布/订阅数据传递方式，有严格的时序控制要求。DDS 通过规范域成员间数据交换的接口和规则，实现仿真系统的可重用性和互操作性，域成员之间采用以数据为中心的发布/订阅数据传递方式，具有良好的系统运行实时性。HLA 与 DDS 体系运行管理方面进行对比分析见表 5-3。

表 5-3　HLA/DDS 体系运行管理对照表

运行管理	HLA	DDS
联邦	提供联邦创建、加入、删除、退出、保存功能	无
声明	支持发布订阅对象类、对象类属性、交互类、交互类参数及仿真交互控制	支持访问域成员加入域，创建主题、数据读取者、数据写入者等事件信息
对象	支持对象实例注册、发现、更新，联邦成员间数据交互	利用 QoS 策略保证数据分发、更新的一致性和有序性；支撑新加入的数据读取者发现、接收旧主题实例
时间	通过时间管理策略和时间推进方法保证联邦成员时间同步	无
所有权	管理对象实例及其属性的所有权	管理主题的所有权，包括排他性所有权和共享所有权
数据分发	通过路径空间设定提供数据分发服务	提供基于 API 的数据发布管理；提供基于主题的数据内容过滤功能

为了 HLA 和 DDS 专用术语在虚拟试验系统中描述的统一，文中约定将联邦和域统称为动力换挡传动系虚拟试验系统子系统，联邦和域共同组成动力换挡传动系虚拟试验系统，联邦成员和域成员统称为组件。

5.3.1.2 基于 HLA 的虚拟试验系统

HLA 是开放的通用技术框架，不局限于任何领域，基于 HLA 的动力换挡传动系虚拟试验系统规范了虚拟试验的交互过程，使不同虚拟试验参与对象之间的信息交互按照统一的标准执行，有效改善了系统的互操作性和重用性，动力换挡传动系虚拟试验系统逻辑结构如图 5-7 所示。

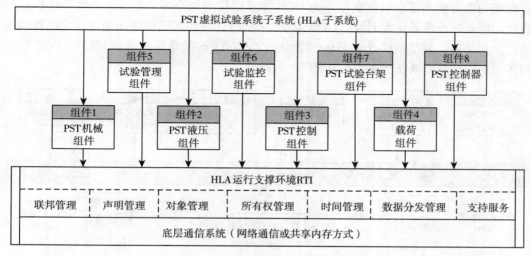

图 5-7 基于 HLA 的虚拟试验系统逻辑结构图

在图 5-7 中，动力换挡传动系虚拟试验系统子系统（HLA 子系统）指利用 HLA 建立的试验项目，8 个组件参与该试验项目的所有应用，通过不同组件的配置组成不同的试验项目。动力换挡传动系机械组件、动力换挡传动系液压组件和动力换挡传动系控制组件均为利用商用软件建立的动力换挡传动系多领域仿真模型，载荷组件是存储动力换挡传动系输入/输出轴转矩载荷的数据库，试验管理组件和试验监控组件是对试验流程、试验数据、试验运行过程监控与管理的软件平台。动力换挡传动系试验台架组件和动力换挡传动系控制器组件均为物理模型，与其他组件形成虚实验证，丰富了动力换挡传动系虚拟试验系统组件类型，增强了动力换挡传动系虚拟试验系统的可扩展性。

根据 HLA 规范，组件通过发布/订阅消息建立 SOM 组件，所有的 SOM 组件构成动力换挡传动系虚拟试验系统子系统（HLA）的 FOM。SOM 和 FOM 使得组件之间数据可以交互，同时也使得组件和 HLA 子系统具有了重用性及互操作性。

SOM 规定了多种组件定义表，鉴别表提供了组件在虚拟试验系统中的关键鉴别信息，为组件能够融入新的 HLA 子系统提供了最基本描述信息，使组件具有了重用性潜力。对象类结构表和交互类结构表分别定义了组件发布/订阅的对象类和交互类。对象属性表和交互参数表分别定义了组件每个对象类的属性和每个交互类的参数。此外，SOM 还包括维表、时间表示表、用户定义的标签表、同步表、传输类型表、FOM/SOM 词典等。

（接上）

动力换挡传动系虚拟试验系统中所有组件数据都通过 RTI 进行交互，组件间数据传递量较大时，RTI 运行负荷较大，系统实时性会受影响，尤其在有硬件设备参与的虚拟试验中，系统延迟会影响到整个虚拟试验进程。因此，在 HLA 的基础上，需要提高硬件设备数据传输速度，降低 RTI 运行负荷，需要通过融合另外的体系结构来补充 HLA 在实时性方面的不足。

5.3.1.3 基于 HLA-DDS 的虚拟试验系统

DDS 以数据为中心，采用发布/订阅体系结构，提供实时高效的分布式数据传递服务和技术支撑。DDS 中每个节点都可以从全局数据空间发布/订阅数据对象，将动力换挡传动系试验台架和动力换挡传动系控制器作为 DDS 体系结构的两个节点与 HLA 体系结构进行数据传递，可有效改善系统实时性。DDS 体系结构与 HLA 体系结构之间通过桥接组件实现数据的转换和传递。桥接组件既是 HLA 的组件，又是 DDS 的组件。基于 HLA-DDS 的动力换挡传动系虚拟试验系统逻辑结构如图 5-8 所示。

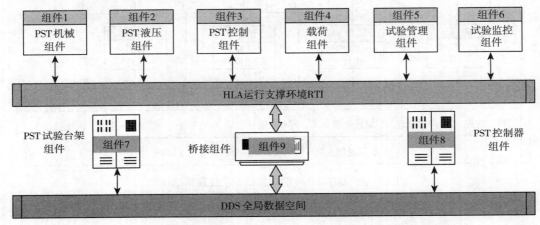

图 5-8　基于 HLA-DDS 的动力换挡传动系虚拟试验系统逻辑结构图

在图 5-8 中，动力换挡传动系虚拟试验系统运行由 HLA 和 DDS 两种体系结构支撑，既保留了 HLA 严格的时序控制和可扩展性，又增加了 DDS 优良的数据实时性传递，应用程序之间松耦合，能够满足动力换挡传动系虚拟试验系统需求。

5.3.1.4 虚拟试验系统硬件支撑平台

硬件支撑平台作为动力换挡传动系虚拟试验系统的载体，为试验系统的运行提供物理层面的保证，根据组件对系统构建、数据传输的要求，建立了动力换挡传动系虚拟试验系统硬件支撑平台，如图 5-9 所示。

在图 5-9 中，动力换挡传动系虚拟试验系统硬件支撑平台中 3 台计算机编号分别为 PC1、PC2、PC3，计算机以太网连接，组成的局域网内没有其他计算机参与。

PC1 计算机运行 HLA 运行支撑环境 BH-RTI 软件、动力换挡传动系机械组件、动力换挡传动系液压组件、动力换挡传动系控制组件和载荷组件，组件的表示图标代表建立组件所用的商用软件，组件间采用共享内存的方式进行数据传递。

PC2 计算机运行 HLA 运行支撑环境 BH-RTI 软件、试验管理组件和试验监控组件，

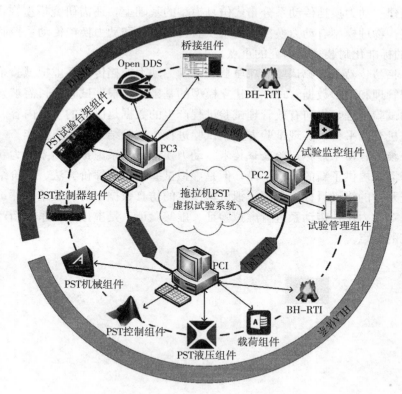

图5-9　动力换挡传动系虚拟试验系统硬件支撑平台

组件间采用共享内存的方式进行数据传递。

PC3计算机运行DDS运行支撑环境Open DDS软件、动力换挡传动系试验台架组件和动力换挡传动系控制器组件，组件间采用共享内存的方式进行数据传递。在该计算机上还运行桥接组件，该组件既是HLA体系的组件，又是DDS体系的组件。

5.3.2　动力换挡传动系虚拟试验系统技术分析

基于HLA-DDS的动力换挡传动系虚拟试验系统从结构原理上能够满足动力换挡传动系虚拟试验需求，为保证虚拟试验系统稳定运行还需解决体系互连、建模、试验管理与人机交互、试验验证等技术问题。

（1）HLA-DDS体系互连技术　HLA与DDS虽然都采用发布/订阅的数据传输方式，但是，HLA是基于事件的数据传输原理，组件通过对象模型模板、接口规范统一封装，而DDS是基于数据的传输原理，节点从全局数据空间调用数据，利用服务质量QoS策略传输数据。因此，需要分析两体系间数据传输的等价映射关系及试验时序关系，保证动力换挡传动系虚拟试验系统能够融合2套不同的分布式仿真体系。

（2）动力换挡传动系虚拟试验体系建模技术　动力换挡传动系虚拟试验本质上是数据驱动的模型演变过程，动力换挡传动系虚拟试验系统中存在仿真模型和物理模型2种模型。仿真模型有动力换挡传动系机械组件、动力换挡传动系液压组件、动力换挡传动系控制组件和载荷组件。在建立动力换挡传动系分布式仿真模型的基础上，还需研究模型在 HLA 体系中的标准化封装。物理模型有动力换挡传动系试验台架组件和动力换挡传动系控制器组件，模型在 DDS 中的标准化封装也是研究的重点。

（3）动力换挡传动系虚拟试验管理与监控技术　动力换挡传动系虚拟试验系统试验管理包括试验流程管理和试验数据管理，在建立模型的基础上，根据试验项目需求，如何管理试验流程、驱动试验进程，如何有效管理试验进程产生的数据是研究的主要内容。监控服务需提供便捷的人机交互平台，实现试验方案、试验进程、试验结果的用户操作。

（4）动力换挡传动系虚拟试验验证技术　动力换挡传动系虚拟试验系统为新产品设计分析阶段的工程需求提供了新的分析手段，但是虚拟试验结果的评价方法、评价结果有效性是虚拟试验系统开发的终极目标。利用虚拟试验产生的仿真数据制订试验结果评价方法和有效性评价方法，对动力换挡传动系进行虚拟验证、虚实验证，是虚拟试验系统新产品设计验证技术需要研究的重点。

动力换挡传动系虚拟试验体系互连技术

第6章

在分析 HLA 与 DDS 体系结构的基础上，构建基于 HLA - DDS 的动力换挡传动系虚拟试验系统，确保虚拟试验系统可扩展性、模型可重用性、模型互操作性和实时性。但是，HLA 体系与 DDS 体系采用不同的规范标准，互不兼容，2 种体系架构、模型设计、数据交互均存在差异，使得动力换挡传动系虚拟试验系统仿真模型与物理模型之间不能进行有效通信。因此，需要研究动力换挡传动系虚拟试验系统中不同体系之间的数据交互技术，在 HLA 与 DDS 现有的软件平台基础上，实现 HLA 和 DDS 之间的数据交互。

HLA 与 DDS 对数据交互的规范存在较大差异，包括数据对象类型的定义、数据更新机制、管理服务机制及时间管理机制。在多层次分析 HLA 与 DDS 数据交互规范的基础上，研究 HLA 与 DDS 数据映射机理，实现 HLA 与 DDS 的互联互通。

6.1 HLA 数据交互机制

6.1.1 数据更新和反射机理

组件的 SOM 定义了自身发布/订阅的对象类和交互类信息，所有组件的 SOM 集成为 HLA 子系统的 FOM，FOM 包含了 HLA 子系统内所有的信息，根据 FOM 信息内容可编制 FED（Federation Execution Description）文件。FED 文件包含了 HLA 子系统运行中所有的对象类及其属性、交互类及其参数，是对 FOM 表格内容的编程实现。以图 5 - 8 中定义的机械组件（命名为 Machine）和液压组件（命名为 Hydraumatic）之间的数据交互为例，分析 HLA 体系数据更新和反射机理。Machine 发布离合器类转速（Clutch Speed）、离合器类转矩（Clutch Torque）属性和升挡换挡（UpShift）交互命令；Hydraumatic 订阅离合器类和升挡换挡交互，调整换挡离合器接合分离油压，完成换挡动作。Machine 和 Hydraumatic 组件之间数据交互过程如图 6 - 1 所示。

假设 Machine 和 Hydraumatic 加入 HLA 子系统之前均已建立各自 SOM，且生成 FED 文件。在图 6 - 1 中，RTI 为 Machine 和 Hydraumatic 提供需要的接口服务，Machine 作为第 1 个组件，通过调用 Create Federation Execution 服务创建 HLA 子系统，Machine 加入 HLA 子系统，Hydraumatic 加入 HLA 子系统。Machine 在发布消息之前，需要先获得离合器类句柄、离合器类属性句柄和升挡换挡交互类句柄。Hydraumatic 向 RTI 订阅 Machine 发布的消息，RTI 向 Machine 调用 Start Registration For Object Class＋和 Turn Interactions On+，Machine 开始注册离合器类实例（离合器类包含 8 个换挡离合器实例）和升挡换挡交互类。Machine 的 SOM 中只对离合器类进行了规范，虽然实例可以继承类的属性，但每个实例的属性值不同，因此更新对象实例属性之前，需要注册对象实例。Machine 通过 Reserve Object Instance Name 服务请求 RTI 对升挡换挡的离合器实例进行唯一名称保存，RTI 允许更新实例属性后，Machine 对离合器实例转速、转矩属性值更新发布，Hydraumatic 对该属性值进行订阅。Machine 发布升挡换挡交互类，Hydraumatic 订阅该交互类。至此，Machine 和 Hydraumatic 完成了数据的交互，当 HLA 子系统运行完成后，可以删除对象实例和交互类，退出 HLA 子系统。在图 6-1 中没有显示该交互内容。

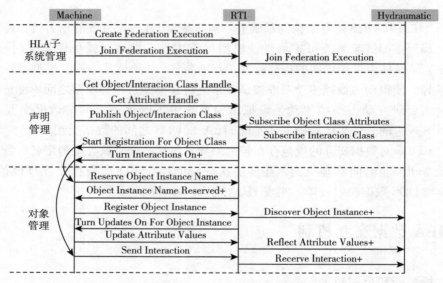

图 6-1　Machine 和 Hydraumatic 组件之间数据交互过程图

在图 6-1 中，RTI 提供了 HLA 子系统管理、声明管理及对象管理等服务，各项服务在 HLA 子系统运行的各个阶段提供了组件之间数据交互的接口服务。由于动力换挡传动系虚拟试验系统中，各个组件的实例属性所有权不发生变化，故 HLA 没有涉及所有权管理服务。虚拟试验系统为每个组件均进行了对象类实例属性注册，可以完成实例属性层次的数据交互，因此，没有利用 HLA 数据分发管理服务。动力换挡传动系虚拟试验系统中各部分的相互联系，动力换挡传动系每个虚拟试验执行动作均需要各部分数据传递的正确逻辑关系作保证。因此，需要利用 HLA 时间管理服务对虚拟试验系统运行的时间逻辑进行管理。

6.1.2　时间管理机理

图 6-1 表示了每次数据更新后数据的交互过程，而时间管理服务规范了数据更新推进的时间逻辑，HLA 对时间管理服务的基本概念进行了定义：

（1）物理时间　物理事物在客观世界的自然时间。

（2）仿真时间　仿真模型在虚拟世界的时间与物理时间具有映射关系。

（3）HLA 子系统时间轴　表示 HLA 组件运行时间的逻辑时间轴。

（4）时间管理策略　HLA 规范了时间控制和时间约束 2 种组件时间管理策略，如果某组件的仿真时间推进影响其他组件仿真推进时间，则称该组件时间管理策略为时间控制；如果某组件的仿真时间推进受其他组件仿真推进时间的影响，则称该组件时间管理策略为时间约束；组件可具备 4 种时间管理策略状态，分别为仅时间控制、仅时间约束、既时间控制又时间约束、既不时间控制又不时间约束。

（5）事件　组件发送接收对象类实例属性值、交互类参数值的行为称为发生了 1 次事件。事件发生的仿真时间称为时间戳，如果 RTI 以事件的时间戳处理事件，则该事件称为时间戳顺序（Timestamp Order，简称 TO）事件；如果 RTI 以事件发生的顺序处理事件，则该事件称为接收顺序（Receive Order，简称 RO）事件。

（6）时间前瞻量　针对时间管理策略为时间控制组件或既时间控制又时间约束，该成员不允许在时间前瞻量范围内发送 TO 事件。

（7）时间戳下限值　针对时间管理策略为时间约束组件或既时间控制又时间约束，该值表示组件最大的时间推进安全值，其计算式为：

$$LBTS_i = \begin{cases} Min(W_j + Lookahead_j) & F_i \text{ 是时间约束的组件} \\ \infty & F_i \text{ 不是时间约束的组件} \end{cases} \quad (6-1)$$

式中，$LBTS_i$ 为组件 F_i 的时间戳下限值；组件 F_i 能够向 F_i 发送 TO 事件，W_j 为 F_i 的当前仿真时间；$Lookahead_j$ 为 F_i 的时间前瞻量。

（8）时间同步点　HLA 子系统时间轴上的 1 个逻辑点，当组件的仿真运行时间均到达该点时，表示 HLA 子系统在该点完成同步。

以图 5-8 中定义的动力换挡传动系机械组件（Machine）、动力换挡传动系液压组件（Hydraumatic）和动力换挡传动系控制组件（Control）的仿真时间推进逻辑为例，分析 HLA 体系时间管理机理。表示动力换挡传动系机械组件、动力换挡传动系液压组件和动力换挡传动系控制组件的 3 个组件时间管理策略均为既时间控制又时间约束，发送事件类型均为 TO，仿真时间推进方式均为基于步长的时间推进，时间前瞻量均为零，3 个组件运行在同一台计算机上，具有公共的本地时间提供同步时间约束，仿真时间推进逻辑关系如图 6-2 所示。

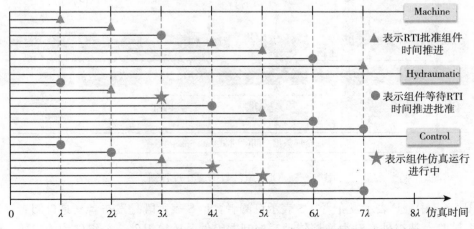

图 6-2　Machine、Hydraumatic 及 Control 仿真时间推进逻辑关系图

在图 6-2 中，Machine、Hydraumatic 及 Control 3 个组件仿真步长分别为 λ、2λ、3λ，时刻 λ 为同步点。λ 时刻，3 个组件同时向 RTI 申请各自仿真步长的时间推进，根据式（6-1）计算得 $LBTS_1$ 为 3λ、$LBTS_2$ 为 2λ、$LBTS_3$ 为 2λ，Machine 申请的仿真推进时刻为 2λ，小于 3λ，RTI 立刻批准 Machine 时间推进申请，Hydraumatic 与 Control 申请的仿真推进时刻分别为 3λ 和 4λ，均大于 2λ，因此，Hydraumatic 与 Control 时间推进申请进入等待状态。2λ 时刻，Machine 完成了仿真步长时间推进，向 RTI 申请下一个仿真步长的时间推进，此刻，$LBTS_1$ 为 3λ、$LBTS_2$ 为 3λ、$LBTS_3$ 为 3λ，RTI 立刻批准 Machine 与 Hydraumatic 时间推进申请，Control 时间推进申请仍为等待状态。3λ 时刻，Machine 完成了仿真步长时间推进，Hydraumatic 处于仿真运行中，此刻，$LBTS_1$ 为 3λ、$LBTS_2$ 为 4λ、$LBTS_3$ 为 4λ，RTI 立刻批准 Control 时间推进申请，Machine 时间推进申请为等待状态。4λ 时刻，Hydraumatic 完成了仿真步长时间推进，Control 处于仿真运行中，此刻，$LBTS_1$ 为 6λ、$LBTS_2$ 为 5λ、$LBTS_3$ 为 5λ，RTI 立刻批准 Machine 时间推进申请，Hydraumatic 时间推进申请为等待状态。3 个组件循环上述过程，直到虚拟试验结束。

6.2 DDS 数据交互机制

DDS 以数据为中心，只关注应用程序产生数据的发送与接收，屏蔽应用程序之间参数的耦合，使得多个应用程序组成 1 个松耦合系统。数据的发送与接收在数据产生之前均已确定，数据在 DCPS 层完成交互，DDS 可同时处理多线程任务，实时性强。在所研究的范围内，DDS 体系中有 3 个组件，但是 DDS 体系支持可插拔传输，随时可以在 DDS 体系中添加或删除组件，而不影响其他组件的数据交互。因此，动力换挡传动系虚拟试验系统中可在 DDS 体系中进行物理设备扩展。以图 5-8 中的 DDS 3 个组件为例，分析 DDS 体系数据交互机理，如图 6-3 所示。

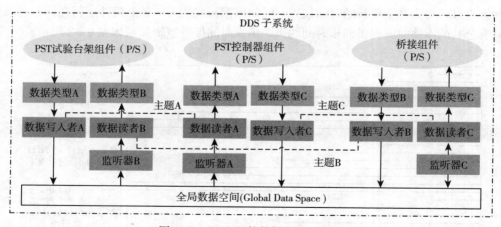

图 6-3 DDS 组件数据交互过程图

在图 6-3 中，P 表示发布者，S 表示订阅者，P/S 表示既是发布者又是订阅者，动力换挡传动系试验台架组件、动力换挡传动系控制器组件及桥接组件 3 个组件均为 P/S，组件之间互相通信构成了逻辑上隔离的通信网络，称为 DDS 子系统，不同子系统之间不能互相通信。由于在研究范围内动力换挡传动系虚拟试验系统中只涉及 2 个硬件设备，且设备之间需进行通信，故只有 DDS 子系统，子系统内可扩展至 120 个组件。组件利用数据写者发布数据，每个数据写入者对应 1 种数据类型，组件利用数据读者订阅数据，每个数据读者对应 1 种数据类型，在订阅数据时，选用监听回调程序的方法实现数据接收。1 个组件可以发布和订阅多个类型数据，相应的也会有多个数据写入者和数据读者。数据写入者和数据读者通过主题关联，因此，每个主题拥有唯一的名称和数据类型。每个组件拥有 1 套 QoS 策略，规范数据的交互。组件发布和订阅的数据组成了全局数据空间（Global Data Space，简称 GDS），数据的发送与接收均从 GDS 中提取。

6.3 HLA 与 DDS 桥接组件互连技术

6.3.1 体系间数据映射关系

    体系间数据映射指 HLA 体系中对象类属性、交互类参数与 DDS 体系中数据类型按照一定的算法，实现数据转换、格式封装的过程。

    HLA 主要面向虚拟试验过程，通过管理服务使得虚拟试验系统按照试验设计逻辑进行；DDS 主要面向虚拟试验中数据交换，通过 QoS 策略达到实时的数据传输。表 5-1 对 HLA 和 DDS 体系中涉及的概念进行了映射分析，在体系概念方面具有一定的对等关系。但是，在对象粒度、数据类型及运行时间管理方面具有一定差别。

    HLA 体系中组件发布/订阅的对象类可以将部分对象属性发送/接收。例如，在动力换挡传动系虚拟试验换挡过程中，机械组件可以只将当前挡位和目标挡位涉及的轴类、齿轮类、离合器类、同步器类及轴承类对象属性进行发布，可以不发布其他挡位信息，减少数据传输冗余。组件发布/订阅的交互类，则只能发布/订阅整个交互类，而不能只发布/订阅部分交互类参数。DDS 体系中组件只能发布/订阅整个实体对象，HLA 与 DDS 在发布/订阅的对象粒度上存在差异。

    HLA 体系中 FED 文件对动力换挡传动系虚拟试验系统中所有组件的对象类、交互类信息进行登记，FED 中对动力换挡传动系机械组件的离合器对象类、升挡交互类、对象类属相及交互类参数定义如下：

```
(class HLAobjectRoot Machine Clutch //动力换挡传动系机械组件离合器对象类
    (attribute Speed reliable receive) //换挡离合器转速值
    (attribute Torque reliable receive) //换挡离合器转矩值
)
(class HLAinteractionRoot Machine Shift Upshift reliable receive //动力换挡传动系机械组件升挡交互类
    (parameter Speed) //拖拉机行驶速度
    (parameter SlipRate) //滑转率
    (parameter CurrentGear) //动力换挡传动系当前挡位
```

(parameter TargetGear) //动力换挡传动系目标挡位
)

DDS 数据类型为接口描述语言类型，按照 IDL 格式规范，定义的动力换挡传动系机械组件离合器对象实例如下：

```
struct ClutchProperty
{
  int number; //定义的换挡离合器编号，1-6
  long Speed; //换挡离合器转速值
  long Torque; //换挡离合器转矩值
}
struct ClutchShift
{
  int number; //定义的换挡离合器编号，1-6
  long Speed; //拖拉机行驶速度
  long SlipRate; //滑转率
  long CurrentGear; //动力换挡传动系当前挡位
  long TargetGear; //动力换挡传动系目标挡位
}
```

通过以上 2 个结构体分别定义了离合器对象实例的 2 个主题 ClutchProperty 和 ClutchShift。

HLA 通过先定义组件对象类及其属性、交互类及其参数，然后通过解析 FED 文件，对每个对象类及其属性和每个交互类分配 1 个全系统唯一的句柄，通过句柄获得响应的参数。DDS 通过构造多个结构体，对组件对象实例性能参数及交互参数进行定义，与 HLA 在发布/订阅数据类型上存在差异。

HLA 通过时间管理服务实现组件运行时间同步的性能，组件发送数据时可以根据信息携带的时间戳进行按序发送。DDS 通过 QoS 策略可以实现组件运行时间管理功能，相比HLA 的时间管理服务，DDS 具有更灵活的时间管理机制。

6.3.2 HLA 与 DDS 互连方案设计

基于 HLA 体系的动力换挡传动系虚拟试验主要包括利用 RTI 接口开发的组件（应用层）和 RTI 提供的管理服务（支撑层），为实现 DDS 体系中动力换挡传动系物理模型与HLA 体系中动力换挡传动系仿真模型的通信，设计 HLA 与 DDS 集成方案。根据 DDS 体系在 HLA 体系中融入层次位置不同，形成 3 种系统集成方案，如图 6-4 所示。

在图 6-4（a）中，HLA 支撑层融合 DDS 体系，将 HLA 基于事件的组件信息交互机制改为 DDS 基于数据的交互机制，形成基于 DDS 规范底层支撑框架 DDS-RTI；同时，DDS—RTI 提供标准的 HLA-DDS API。该方案从支撑层保证了 HLA 与 DDS 的数据互通，但开发难度大、技术成本高、开发周期长。

在图 6-4（b）中，HLA、DDS 支撑层与应用层之间设计中间件，中间件映射 HLA 与

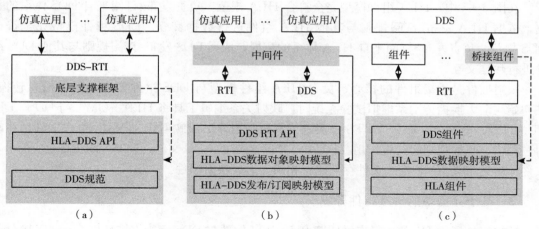

图 6-4 3种 HLA 与 DDS 集成方案原理图

DDS 之间数据对象及发布/订阅机制，同时提供标准的 Middleware API。该方案能满足用户在应用层采用统一的标准设计仿真应用，实现了 HLA 与 DDS 数据通信，但该设计方案的系统由于采用 Middleware API，与现有的 HLA 体系及 DDS 体系 API 不同，对现有仿真应用不具有兼容性。

在图 6-4（c）中，HLA 的应用层与 DDS 的应用层设计了桥接组件，实现了 HLA 与 DDS 的数据交换。桥接组件映射 HLA 与 DDS 之间数据对象及发布/订阅机制，既是 HLA 体系的组件，又是 DDS 体系的组件。该方案最大程度地保留了 HLA 和 DDS 运行机制，可在商用软件平台上开发动力换挡传动系虚拟试验系统，开发难度小，同时与现有仿真应用兼容性好。虽然在每次 HLA 子系统运行时均需要对桥接组件进行更新，但动力换挡传动系相对于航天、航空、武器等领域复杂机械产品，复杂程度低，数据类型、数据传输量少，能够接收桥接组件的每次更新工作量和时间。因此，选用桥接组件的方式来实现 HLA 与 DDS 的互连。

桥接组件主要功能是完成 HLA 与 DDS 之间的对象粒度统一、数据类型转换及运行时间同步，其结构由 HLA 组件模型、映射插件及 DDS 组件模型组成，如图 6-5 所示。

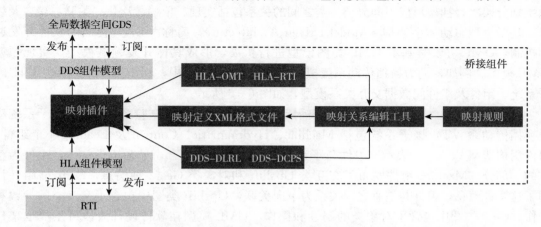

图 6-5 HLA-DDS 桥接组件结构原理图

在图 6-5 中，HLA 组件模型完全符合 HLA 规范，负责发布/订阅来自 DDS 体系的数据，依据 HLA 发布/订阅规则与其他 HLA 组件进行数据交互。DDS 组件模型完全符合 DDS 规范，负责发布/订阅来自 HLA 体系的数据，依据 DDS 发布/订阅规则与其他 DDS 组件进行数据交互。

映射插件是桥接组件的核心，负责 HLA 组件模型与 DDS 组件模型之间的消息转换。在初始化动力换挡传动系虚拟试验系统时，映射关系编辑工具将 HLA-OMT 与 DDS-DL-RL、HLA-RTI 与 DDS-DCTS 分别进行解析映射，形成映射定义 XML 格式文件。在映射过程中，映射规则起约束作用。HLA-OMT 对应的 FED 文件、DDS-DLRL 对应的 IDL 文件、映射定义 XML 格式文件存储路径相同，形成映射插件。

6.3.3 基于元模型的桥接组件开发

桥接组件属于 HLA 运行支撑环境 BH-RTI 软件与 DDS 运行支撑环境 Open DDS 软件的插件，通过该插件的运行，可实现 HLA 与 DDS 之间的数据交互。利用元模型在软件工程开发方面的优势开发桥接组件。

6.3.3.1 元模型理论

元模型是模型更高层次的抽象，定义了模型的组成元素及元素之间的关系，形成了标准的建模规范。元-元模型是元模型更高层次的抽象，可以看作元模型的元模型，因此，模型和元模型之间是相辅相成的，构成了无限循环，可以实现无限多个层次抽象。实际应用中，对象管理组织 OMG 指定了 4 层元模型的建模语言体系结构，从低到高分别为信息层、模型层、元模型层和元-元模型层。其中，元对象机制（Meta Object Facility，简称 MOF）对应元-元模型层，提供了建模元素及元素之间的关系。统一建模语言 UML 对应元模型层，UML 定义了 5 类图表，每个图表都可看作 1 个元模型，利用 UML 图表建立的模型构成了模型层，UML 与 MOF 的关系可定义为异层实例化关系。信息层则是用户具体应用生成的基本数据，是模型层的实例。

UML 利用规范的图形模型和模型间的联系，抽象描述系统的子系统及子系统之间的关系，类图是其中重要的 1 种图形模型，应用于软件需求分析、软件代码开发等场合。类图将系统划分层次，抽象形成不同分类，类之间的关系包括实现、依赖、泛化、关联、聚合及组合。基于模型驱动体系架构（Model Driven Architecture，简称 MDA）提出的软件开发通用机制，UML 可以对基本 UML 类图模型进行扩展，形成具体开发领域模型，实现领域 UML 模型。例如，动力换挡传动系虚拟试验系统 HLA 体系中，利用 UML 类图建立 HLA 子系统、组件及组件间数据交互关系模型，如图 6-6 所示。

在图 6-6 中，构造型 Federation 表示动力换挡传动系虚拟试验系统中 HLA 子系统动力换挡传动系 VT，该子系统包括 Machine、Hydraumatic、Control 及 Loading 4 个组件，组件用构造型 Federate 表示。组件与子系统之间的关系为聚合，子系统为整体，组件为整体的一部分。Machine 组件发布了交互类 Upshift 和对象类 Gear 2 种消息，Control 组件订阅了这 2 种消息，组件与消息之间关系为单向关联，Upshift 类图中包含了交互类的参数和操作，Gear 类图中包含了对象类的属性和操作。UML 模型在软件设计阶段可生成框架代码，图 6-6 中 UML 模型转换为 C++的部分代码如下：

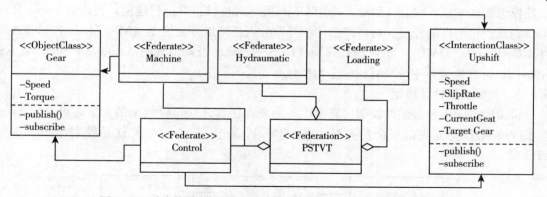

图 6-6 动力换挡传动系虚拟试验系统 HLA 部分 UML 类图模型

```
logical_models (list unit_reference_list
     (object Class "Hydraumatic"
  quid        "5D1F0F5F0 376"
  stereotype  "Federate"
  module      "Component View:: Federation"
  quidu       "5D1F0F7 002EC"
  language    "ANSI C++")
     (object Class "Control")
     (object Class "Loading")
     (object Class "Machine")
     (object Class "动力换挡传动系 VT")
     (object Class "Upshift")
  operations (list Operations
     (object Operation "publish")
     (object Operation "subscribe"))
  class_attributes   (list class_attribute_list
     (object ClassAttribute "Speed")
     (object ClassAttribute "SlipRate")
     (object ClassAttribute "Throttle")
     (object ClassAttribute "CurrentGear")
     (object ClassAttribute "TargetGear"))
     (object Class "Gear"
  operations (list Operations
     (object Operation "publish"
     (object Operation "subscribe"
  class_attributes (list class_attribute_list
     (object ClassAttribute "Speed"
     (object ClassAttribute "Torque"))
```

动力换挡传动系虚拟试验系统中 HLA、DDS 的体系结构、数据表达方式与 UML 类图的建模思想和方法相吻合。因此，选用 UML 类图对桥接组件进行建模，利用 Rational Rose 平台完成桥接组件的开发。将桥接组件的开发分为桥接组件元模型（MetaModel）、HLA 组件模型（HLA - UML）、DDS 组件模型（DDS - UML）及映射规则（Rule）4 部分，在 Rational Rose 开发平台中分别对应 4 个封装包。

6.3.3.2　桥接组件元模型

桥接组件元模型是组件模型更高层次的抽象，包含建立组件模型的元素，可消除 HLA 与 DDS 在数据交互规范层面的差异。在 MOF 基础上，建立桥接组件元模型，如图 6 - 7 所示。

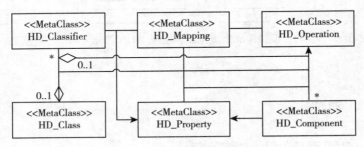

图 6 - 7　桥接组件元模型

在图 6 - 7 中，在对 HLA 和 DDS 体系抽象的基础上，利用 UML 构造型扩展机制，定义了 6 类桥接组件元模型构造型和构造型之间的关系，构造型均是 UML Class 元类的扩展。构造型 HD _ Class 是对 HLA 子系统和 DDS 子系统的抽象；构造型 HD _ Classifier 是对组件的抽象；构造型 HD _ Component 是对 RTI 大使、组件大使、监听器类、发布者、数据写入者、订阅者及数据读取者的抽象；构造型 HD _ Property 是对对象类、交互类、核心主题及主题的抽象；构造型 HD _ Operation 是对属性更新、属性反映、发送交互、接收交互、创建核心主题更新、读取核心数据实例、写入非核心实例及读取非核心实例的抽象；构造型 HD _ Mapping 是对 HLA 与 DDS 数据映射的抽象。构造型之间的关系包括聚合、单向关联及双向关联。

6.3.3.3　基于元模型的桥接组件 UML 模型

（1）HLA 组件 UML 模型　桥接组件中的 HLA 组件模型满足 HLA 规范，在 BH - RTI 软件中按照 RTI 规范与其他组件交互数据，利用桥接组件元模型建立图 6 - 5 中 HLA 组件 UML 模型，如图 6 - 8 所示。

在图 6 - 8 中，建立了动力换挡传动系虚拟试验系统中桥接组件作为组件的静态模型，类 Federation 的操作包括创建、加入子系统运行，子系统同步点设置，子系统保存、恢复、退出等。对象类 Object _ Class 的操作包括获取对象类句柄、获取对象属相句柄、发布对象类、取消发布对象类等。交互类 Interaction _ Class 的操作包括获取交互类句柄、发布交互类、取消发布交互类等。操作类 Object _ attribute 的操作包括更新、反射属性值。操作类 Interaction 的操作包括更新、反射交互类。模型中映射类 HLA - DDS 操作属性为公开（Public），允许所有类对其进行访问，除此之外的 Federation 等操作属性为实现（Implemented），只允许封装包内的类对其进行访问。

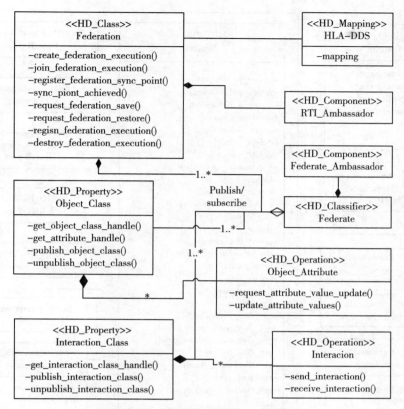

图 6-8 HLA 组件 UML 模型

（2）DDS 组件 UML 模型 桥接组件中的 DDS 组件模型满足 DDS 规范，在 Open DDS 软件中按照 DCPS 规范与其他组件交互数据，利用桥接组件元模型建立图 6-5 中 DDS 组件 UML 模型如图 6-9 所示。

在图 6-9 中，建立了动力换挡传动系虚拟试验系统中桥接组件作为组件的静态模型，类 Domain 的操作包括创建、查询、删除组件，配置、获取 QoS。子类 Domain _ Participan 的操作包括拒绝远程参与者、发布、订阅连接，创建、删除发布者、订阅者，返回内置订阅者，拒绝、创建、删除主题等。模型中映射类 DDS-HLA 操作属性为公开（Public），允许所有类对其进行访问，除此之外的 Domain 等操作属性为实现（Implemented），只允许封装包内的类对其进行访问。

6.3.3.4 模型映射及桥接组件插件生成

映射类 HLA-DDS 和映射类 DDS-HLA 是模型映射的关键，封装了模型映射规则，可表示为 1 个四元组，如式 6-2 所示。

$$\text{Mapping} = \langle ID, \text{Model}_S, \text{Model}_T, \text{Rule} \rangle \qquad (6-2)$$

式中，ID 为映射方向；Model_S 为源模型；Model_T 为目标模型；Rule 为映射规则。

ID 为 00 时，HLA 组件 UML 模型为源模型；ID 为 01 时，DDS 组件 UML 模型为源模型，映射规则以表格的形式定义，如表 6-1 所示。

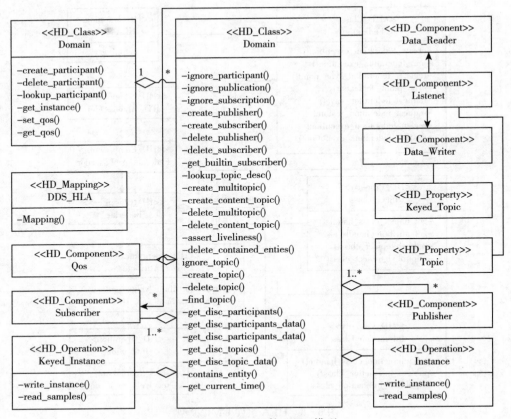

图 6-9 DDS 组件 UML 模型

表 6-1 桥接组件模型映射规则

ID	映射序号	Model$_S$	Model$_T$
00 (01)	1 (9)	Federation (Domain)	Domain (Federation)
00 (01)	2 (10)	Federate (Domain_Participant)	Domain_Participant (Federate)
00 (01)	3 (11)	RTI_Ambassador (Publisher, Data Writer, Subscriber, Data Reader)	Publisher, Data Writer, Subscriber, Data Reader (RTI_Ambassador)
00 (01)	4 (12)	Federate_Ambassador (Listener)	Listener (Federate_Ambassador)
00 (01)	5 (13)	Object_Class (Keyed_Topic)	Keyed_Topic (Object_Class)
00 (01)	6 (14)	Interaction_Class (Topic)	Topic (Interaction_Class)
00 (01)	7 (15)	Object_Attribute (Keyed_Instance)	Keyed_Instance (Object_Attribute)
00 (01)	8 (16)	Interaction (Instance)	Instance (Interaction)

在表 6-1 中，HLA 组件模型读取 ID 为 00 的表中信息，将 HLA 数据转换为 DDS 数据；DDS 组件模型读取 ID 为 01 的表中信息，将 DDS 数据转换为 HLA 数据。在 UML 类图中虽然已经存在模型的约束（聚合、关联等），但为了提高模型映射准确度，实际应用中，UML 允许使用自然语言、编程语言及对象约束语言（Object Constraint Language，简称 OCL）描述模型映射约束。

利用 Rational Rose 开发平台的双向工程功能，对桥接组件 UML 模型进行代码转换，生成插件框架代码。在针对动力换挡传动系具体试验工况，对桥接组件模型进行实例化，可得到最终桥接组件运行代码。部分桥接组件代码框架文件代码详见附录。

6.4 体系运行时间管理技术

基于元模型开发的桥接组件在数据传输逻辑层面上满足了 HLA 与 DDS 之间的数据交互，但虚拟试验系统运行需要时间管理，保证试验过程符合事物客观规律。虚拟试验系统时间管理涉及时间推进方式和推进算法 2 个方面。

6.4.1 时间推进方式

根据动力换挡传动系虚拟试验系统框架结构，系统时间推进方式有基于组件的时间推进方式和基于桥接组件的时间推进方式。

（1）基于组件的时间推进方式　基于组件的时间推进方式指以组件的本地时间为基准，根据各组件的仿真步长及数据更新频率推进虚拟试验系统运行。以基于组件的时间推进方式为例，分析动力换挡传动系虚拟试验系统的运行时序。系统采用基于动力换挡传动系控制组件时间推进方式，其运行时序如图 6-10 所示。

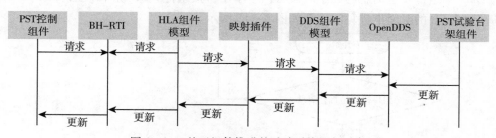

图 6-10　基于组件推进的试验系统运行时序

在图 6-10 中，动力换挡传动系控制组件和 HLA 组件模型同时向 HLA 运行支撑环境 BH-RTI 软件提出时间推进请求，BH-RTI 软件答应 HLA 组件模型请求后，HLA 组件模型将请求传递至动力换挡传动系试验台架组件，动力换挡传动系试验台架组件将推进更新传递至动力换挡传动系控制组件，完成 1 次虚拟试验系统数据更新。

（2）基于桥接组件的时间推进方式　基于桥接组件的时间推进方式指以桥接组件的本地时间为基准，根据各组件的仿真步长及数据更新频率推进虚拟试验系统运行。基于桥接组件时间推进方式的系统运行时序如图 6-11 所示。

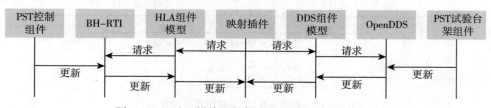

图 6-11　基于桥接组件推进的试验系统运行时序

在图 6-11 中，映射插件同时向 HLA 组件模型和 DDS 组件模型提出时间推进请求，HLA 组件模型和 DDS 组件模型接到请求后，分别向本地 BH-RTI 软件和 OpenDDS 软件发送时间推进请求，动力换挡传动系控制组件和动力换挡传动系试验台架组件分别将推进更新传递至映射插件，完成 1 次虚拟试验系统数据更新。

通过对比 2 种时间推进方式的试验系统运行时序，可知基于桥接组件的时间推进方式比基于组件的时间推进方式的系统运行时间要短，系统的实时性更高。因此，选用基于桥接组件的时间推进方式进行虚拟试验系统的时间管理。

6.4.2 时间推进算法

采用基于 $LBTS$ 的时间推进算法，算法运行的必要条件如下。

①组件时间管理策略均为既时间控制又时间约束，发送事件类型均为 TO。

②HLA 向 DDS 发送消息时，桥接组件 HLA 组件模型的 $LBTS$ 必须不小于 DDS 组件模型的 $LBTS$。

③DDS 向 HLA 发送消息时，桥接组件 DDS 组件模型的 $LBTS$ 必须不小于 HLA 组件模型的 $LBTS$。

④HLA 中组件发送消息的最小时戳必须不小于桥接组件 HLA 组件模型的 $LBTS$。

⑤DDS 中组件发送消息的最小时戳必须不小于桥接组件 DDS 组件模型的 $LBTS$。

基于 $LBTS$ 的时间推进算法流程如图 6-12 所示。

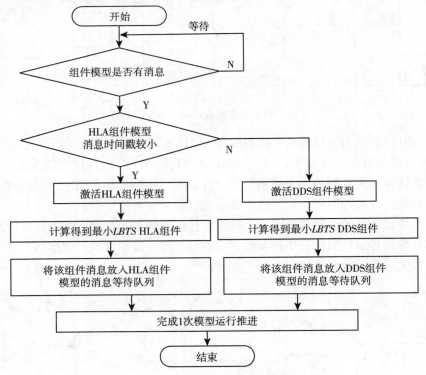

图 6-12　基于 $LBTS$ 的时间推进算法流程

在图 6-12 中，当桥接组件中 HLA 组件模型和 DDS 组件模型消息等待队列中均含有 1 条或 1 条以上消息时，通过比较消息时间戳，找到并移出时间戳较小的消息，对应的组件模型进入激活状态。计算处于激活状态组件的 $LBTS$，得到当前最小 $LBTS$ 组件。将最小 $LBTS$ 组件消息放入对应组件模型的消息等待队列中，完成 1 次模型运行时序的推进。

第7章 动力换挡传动系虚拟试验体系建模技术

虚拟试验系统支撑平台是用于构造虚拟试验系统的通用试验平台，它的各种功能都建立在对象模型的基础上。模型是动力换挡传动系虚拟试验的主体，动力换挡传动系虚拟试验系统运行过程本质上是模型间信息的动态交互过程。随着试验领域项目日趋扩展，对象模型日益增多，对象模型的开发工作在系统开发工作中所占的比重也越来越大，为此需要研究对象模型的构造技术，简化对象模型的开发过程，提高虚拟试验系统对象模型的构造效率。

目前，复杂产品多领域建模方法有基于接口的多领域建模、基于统一建模语言的多领域建模和基于体系的多领域建模，依据虚拟试验系统运行平台的 HLA 和 DDS2 种建模体系，动力换挡传动系虚拟试验系统建模需要采用基于体系的多领域建模方法。

1. HLA 多领域建模方法

HLA 多领域建模以商用软件建立的不同学科领域模型为主体，以 HLA RTI 为模型运行支撑载体，通过将领域模型封装为满足 HLA 规范的组件，以发布订阅的方式实现领域模型间的信息动态交互。根据领域模型封装成为组件的方法不同，将 HLA 多领域建模方法分为基于中间件的建模方法和基于模型改造的建模方法。基于中间件的建模方法利用适配器等中间件将商用软件封装成满足 HLA 规范的组件，屏蔽了商用软件内部数据交互细节。基于模型改造的建模方法从模型本身出发，将模型的运行、模型参数的输入/输出、模型的仿真步长推进以调用函数的形式融入 HLA 子系统的创建及运行过程中，通过模型参数输入/输出函数的调用，实现领域模型间的信息动态交互。

建立动力换挡传动系虚拟试验系统仿真模型涉及的商用软件有 Adams、AMESim 和 Simulink，3 种软件均可提供二次开发仿真接口。基于模型改造的建模方法对 3 种软件操作通用性强，容易实现，同时可实现动力换挡传动系仿真模型的重用。因此，选用基于模型改造的建模方法建立虚拟试验系统 HLA 多领域仿真模型。

基于开发的动力换挡传动系仿真模型，采用基于模型改造的建模方法建立 HLA 多领域仿真模型主要包括建立模型间的映射关系、实现模型间信息交互、搭建应用层程序框架和定义模型与 HLA 应用层程序框架接口等内容。

（1）模型间映射关系 模型间映射关系指一个模型输出量与另一模型输入量的一一对应关系。商用软件建立的模型均对应一个组件，模型的输入/输出量通过组件的发布/订阅消息实现。模型的输出量就是组件发布的对象类属性，模型的输入量就是组件订阅的对象类属性。因此，组件发布的消息需要有其他组件订阅。模型间映射关系分为直接映射和间接映射。直接映射指组件发布/订阅的消息完全一致，可以直接对应；间接映射指组件发布/订阅的消息不同，二者需要通过换算才能对应。例如，动力换挡传动系控制组件发布消息为电磁阀控制信号，动力换挡传动系机械模型订阅消息为换挡离合器转矩；二者映射关系为通过标定获取的换挡离合器转矩与电磁阀控制信号关系函数，属于间接映射。

（2）模型间信息动态交互 模型间信息动态交互指模型输入/输出量在组件间传输的过程。模型间信息动态交互如图 7-1 所示，与图 6-1 所示的组件数据交互过程相比更为详细和具体。

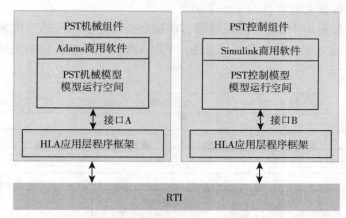

图 7-1 模型间信息动态交互图

在图 7-1 中，以动力换挡传动系控制组件向动力换挡传动系机械组件发送电磁阀控制信号为例，分析模型间信息动态交互过程。当动力换挡传动系控制模型推进 1 个仿真步长时，电磁阀控制信号得到更新，动力换挡传动系控制组件调用 Simulink 模型运行空间输出变量取出函数，将更新的电磁阀控制信号值取出，并将该值赋给对应的对象类属性。动力换挡传动系控制组件更新对象类属性时，动力换挡传动系机械组件订阅得到该对象类属性值通过映射关系解算得到的离合器转矩值，调用模型运行空间输入变量放入函数，将更新的换挡离合器转矩值放入 Adams 模型运行空间，至此，完成了动力换挡传动系控制模型与动力换挡传动系机械模型间 1 次信息的动态交互。

（3）HLA 应用层程序框架 HLA RTI 只规范了组件发布订阅消息在 HLA 体系底层中传输的规则，HLA 没有提供与商用软件的通用接口，HLA 应用层程序框架在 HLA 体系应用层中将商用软件模型转换为组件。在图 7-1 中，HLA 应用层程序框架是组件的一部分，主要作用是初始化组件和模型、启动商用软件。

（4）模型与 HLA 应用层程序框架接口 在图 7-1 中，模型间信息动态交互过程中，组件需要对模型输入/输出量进行放入和取出等操作，该类操作通过模型与 HLA 应用层程序框架接口（接口 A 和接口 B）完成。通过定义接口操作函数，关联模型与 HLA 应用层程序框架。

2. DDS 多领域建模方法

DDS 多领域建模与 HLA 多领域建模类似，商用软件建立的不同学科领域模型为 DDS 子系统，DCPS 支撑模型运行，在主题匹配的基础上，以发布/订阅的方式实现模型间的信息动态交互。在 DDS 体系中只涉及动力换挡传动系试验台架组件和动力换挡传动系控制器组件 2 种物理模型。因此，提及的 DDS 多领域建模主要研究物理模型作为组件的构建方法及组件之间的通信机制。依据 DDS 通信流程，数据类型和主题是 DDS 组件构建的主要内容。

（1）数据类型　数据类型包括数据发布/订阅方式、数据格式及数据交互 QoS 策略。数据格式统一数据成分及排序，便于发布者和订阅者识别。数据交互 QoS 策略保证了数据交互完成质量，每个主题可配备不同的 QoS 参数。在 OpenDDS 软件中，数据类型由 IDL 文件定义。

（2）主题　主题关联数据的发布和订阅，具有相同主题的发布者与订阅者才能进行数据交互，主题一般以数据交互事件的关键字定义。

系统仿真组件指采用 HLA 多领域建模方法建立的动力换挡传动系机械组件、动力换挡传动系液压组件和动力换挡传动系控制组件。TX4A 型动力换挡传动系机械、液压和控制系统结构原理如图 7-2 所示。

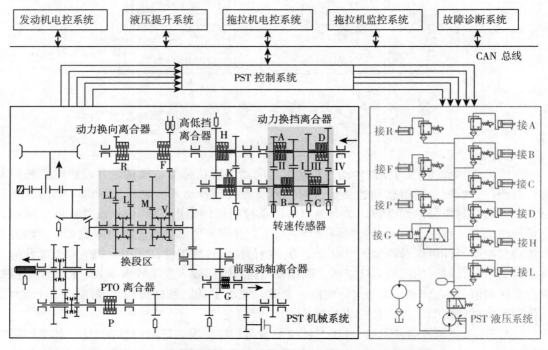

图 7-2　TX4A 型动力换挡传动系机械、液压、控制系统原理

在图 7-2 中，动力换挡传动系机械系统有 32+25 个挡位。其中，4 个换挡离合器（A、B、C 和 D）和高低挡离合器（H 和 K）构成 8 个动力换挡挡位，2 个换向离合器（R 和 F）构成前进/倒挡，换段区包含 4 个段位（LL、L、M 和 V），采用同步器换段。换段区确定换挡区段，动力换挡挡位细分段内传动比，实现段内动力换挡。PTO 离合器（P）控制 PTO 轴输出，前驱动轴离合器（G）控制前输出轴输出，实现后驱和四驱的切换。动力换挡传动系控制系统根据驾驶员操作意图和发动机电控系统等拖拉机其他系统信号做出换挡决策，输出电磁阀控制信号，使动力换挡传动系按既定换挡规律完成换挡。动力换挡传动系液压系统由齿轮泵、换挡电磁阀及执行器等组成，根据控制系统输出的换挡电磁阀控制信号，改变液压油的流量，执行器推动离合器的速度和推力随之改变，换挡离合器分离/接合的速度和转矩得到精确控制，实现动力换挡。

7.1 动力换挡传动系机械系统建模

动力换挡传动系机械组件为虚拟试验系统提供动力换挡传动系动力学参数，包括轴、齿轮、换挡离合器、同步器和轴承的转矩、转速信息。以前进 $H_i - V - I$ 挡升挡至 $H_i - V - II$ 挡为例，分析动力换挡传动系换挡过程动力学模型，换挡时动力传递如图 7-3 所示。

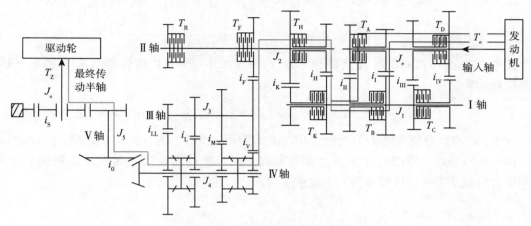

图 7-3 动力换挡动力传递示意

在图 7-3 中，当动力换挡传动系为前进 $H_i - V - I$ 挡时，换挡离合器 A、H、F 接合；当动力换挡传动系为前进 $H_i - V - II$ 挡时，换挡离合器 B、H、F 接合。当由 $H_i - V - I$ 挡升挡至 $H_i - V - II$ 挡时，换挡离合器 A 分离，换挡离合器 B 接合，其他换挡离合器状态不变。根据换挡离合器状态不同，换挡过程分为准备阶段、转矩重叠阶段和保持阶段。

（1）准备阶段 换挡离合器 A 传递转矩下降至当前载荷转矩，离合器摩擦片不打滑；换挡离合器 B 摩擦片间隙刚好为 0，传递转矩为 0。此时，输入轴动力学表达式为：

$$T_e - T_A = J'_e \omega_e \tag{7-1}$$

式中，T_e 为发动机输出转矩（N·m）；T_A 为换挡离合器 A 传递转矩（N·m）；J'_e 为输入轴当量转动惯量（kg·m²）；ω_e 为发动机输出转速（rad/s）。

根据能量守恒定律，动力换挡传动系中所有回转零部件的能量与从发动机获得的能量相等，关系表达式为：

$$E_e = \frac{1}{2} J'_e \omega_e^2 = \frac{1}{2} \omega_e^2 \Big[J_e + \frac{J_1}{i_I^2} + \frac{J_2}{(i_I i_H)^2} + \frac{J_3}{(i_I i_H i_F)^2} + \frac{J_4}{(i_I i_H i_F i_V)^2}$$
$$+ \frac{J_5}{(i_I i_H i_F i_V i_0)^2} + \frac{J_s}{(i_I i_H i_F i_V i_0 i_S)^2} \Big] \tag{7-2}$$

式中，E_e 为动力换挡传动系从发动机获得的总动能（J）；J_e，J_1，J_2，J_3，J_4，J_5，J_s 分别为输入轴、I 轴、II 轴、III 轴、IV 轴、V 轴和最终传动半轴绕其轴线旋转的转动惯量（kg·m²）；i_I，i_H，i_F，i_V，i_0，i_S 为图 7-3 中标注各挡传动比。

$$T_Z = \omega_e J_s / i_I i_H i_F i_V i_0 i_S \tag{7-3}$$

式中，T_Z 为最终传动半轴转矩载荷（N·m）。

（2）转矩重叠阶段　换挡离合器 A 传递转矩下降至 0，摩擦片间隙为 0；换挡离合器 B 传递转矩上升至当前载荷转矩，摩擦片不打滑。此时，输入轴动力学表达式为：

$$T_e - T_A - T_B/i_{II} = J'_e \omega_e \tag{7-4}$$

式中，T_B 为换挡离合器 B 传递转矩（N·m）。

动力换挡传动系中所有回转零部件与从发动机获得的能量表达式为：

$$E_e = \frac{1}{2}J'_e \omega_e^2 = \frac{1}{2}Je\omega_e^2 = \frac{1}{2}\omega_{A2}^2 \left[\frac{J_1}{i_I^2} + \frac{J_2}{(i_I i_H)^2} + \frac{J_3}{(i_I i_H i_F)^2} + \frac{J_4}{(i_I i_H i_F i_V)^2}\right.$$
$$\left. + \frac{J_5}{(i_I i_H i_F i_V i_0)^2} + \frac{J_s}{(i_I i_H i_F i_V i_0 i_S)^2}\right] + E_{AB} \tag{7-5}$$

式中，ω_{A2} 为换挡离合器 A 从动盘转速（rad/s）；E_{AB} 为换挡离合器 A 和换挡离合器 B 滑摩消耗的能量（J）。

$$E_{AB} = \int_{t_0}^{t_1} T_A \mid \omega_e - \omega_{A2} \mid dt + \int_{t_0}^{t_1} T_B \mid \omega_e - \omega_{B1} \mid dt \tag{7-6}$$

式中，t_0 和 t_1 分别为滑摩阶段开始和结束的时刻；ω_{B1} 为换挡离合器 B 主动盘转速（rad/s）。

（3）保持阶段　换挡离合器 A 摩擦片彻底分离；换挡离合器 B 传递转矩增加至最大，得到保持阶段动力换挡传动系动力学表达式为：

$$T_e - T_B/i_{II} = J'_e \omega_e \tag{7-7}$$

$$E_e = \frac{1}{2}J'_e \omega_e^2 = \frac{1}{2}\omega_e^2 \left[J_e + \frac{J_1}{i_{II}^2} + \frac{J_2}{(i_{II} i_H)^2} + \frac{J_3}{(i_{II} i_H i_F)^2} + \frac{J_4}{(i_{II} i_H i_F i_V)^2}\right.$$
$$\left. + \frac{J_5}{(i_{II} i_H i_F i_V i_0)^2} + \frac{J_s}{(i_{II} i_H i_F i_V i_0 i_S)^2}\right] \tag{7-8}$$

$$T_Z = \omega_e J_s / i_{II} i_H i_F i_V i_0 i_S \tag{7-9}$$

根据动力换挡传动系机械系统换挡过程中动力学数学模型，明确了机械系统零部件之间的动力学关系，为动力换挡传动系虚拟试验动力学仿真奠定了基础，动力学模型中的变量为动力换挡传动系机械组件发布/订阅的消息。

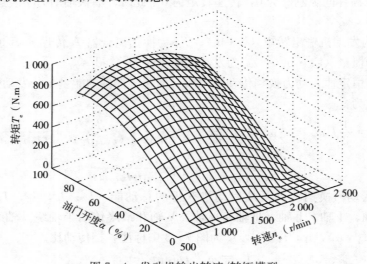

图 7-4　发动机输出转速/转矩模型

Adams 软件是机械系统动力学仿真领域专业商用软件，利用 Adams 软件进行动力换挡传动系机械系统动力学仿真，为虚拟试验系统提供动力学领域的试验数据。发动机输出转速/转矩模型（图7-4）是动力学仿真的驱动，最终传动半轴转矩是动力学仿真的载荷。动力换挡传动系机械系统三维模型的准确度对动力学仿真结果有重要影响，利用 Pro/Engineer 软件建立的动力换挡传动系机械系统三维模型如图7-5所示。

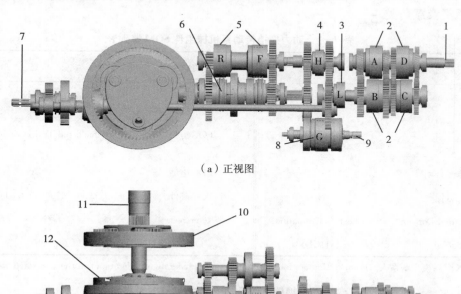

（a）正视图

（b）俯视图

图7-5 动力换挡传动系机械系统三维模型

1. 输入轴 2. 换挡离合器 3. 低挡离合器 4. 高挡离合器 5. 换向离合器 6. 换挡同步器 7. PTO轴 8. 前驱动轴离合器 9. 前驱动轴 10. 最终传动 11. 最终传动半轴 12. 中央传动 13. PTO离合器

为分析动力换挡传动系虚拟试验中零部件运动学和动力学性能，将动力换挡传动系机械系统模型导入 Adams 软件，作为 HLA 组件，命名为 Machine。对 Adams 模型进行固定副、旋转副、齿轮副等约束，虚拟试验中通过订阅其他组件发布的消息，进行机械系统动力学仿真，验证动力换挡传动系机械系统设计的合理性。

动力换挡传动系机械组件 SOM 鉴别表、对象类结构表、交互类结构表、对象属性表和交互参数表如表7-1至表7-5所示，通过 SOM 规范了动力换挡传动系机械组件与其他组件数据交互标准，通过订阅其他组件发布的对象类属性和交互类参数完成组件间数据交互。其中，SOM 鉴别表提供了动力换挡传动系机械组件在虚拟试验系统中的关键鉴别信息，同时为融入新的 HLA 子系统提供了最基本描述信息，使动力换挡传动系机械组件具备了重用性潜力。

表 7-2 定义了动力换挡传动系机械组件中对象类之间的关系，对动力换挡传动系机械组件能够在虚拟试验系统中发布订阅的对象类进行公告。HLAobjectRoot 是 SOM 所有对象类的超类，Machine 类为其子类，Machine 类的子类包括轴类、齿轮类、离合器类、同步器类、轴承类及载荷类。

表 7-1 动力换挡传动系机械组件 SOM 鉴别表

类别	信息	类别	信息
Name	〈Machine〉	POC	〈YXH〉
类型	〈SOM〉	POC 组织	〈Vehicle and Traffic Engineering〉
版本	〈1.0〉		
修改日期	〈2018-02-08〉	POC 电话	〈NA〉
目标	〈NA〉	POC 邮件	〈9905167@haust.edu.cn〉
Application Domain	〈Test & Evaluation〉	References	〈NA〉
Sponsor	〈HKD〉	Other	〈NA〉

注：POC 指模型联系人（Point of Contact for information on the federate or federation and the associated object model）

表 7-2 动力换挡传动系机械组件 SOM 对象类结构表

HLAobjectRoot（〈PS〉）	[<Machine>（〈PS〉）]	[〈Shaft〉（〈PS〉）]
		[〈Gear〉（〈PS〉）]
		[〈Clutch〉（〈PS〉）]
		[〈Synchronizer〉（〈PS〉）]
		[〈Bearing〉（〈PS〉）]
		[〈Loading〉（〈PS〉）]

注：P 为发布，S 为订阅。

表 7-3 定义了动力换挡传动系机械组件中交互类之间的关系，对动力换挡传动系机械组件能够在虚拟试验系统中发布订阅的交互类进行公告。HLAinteractionRoot 是 SOM 所有交互类的超类，Machine 类为其子类，Machine 类的子类包括起步类、换挡类、换向类、行驶类。起步类的子类包括前进起步类和倒挡起步类，换挡类的子类包括升挡类、降挡类和空挡类，换向类的子类包括前进换倒挡和倒挡换前进，行驶类的子类包括前进行驶和倒挡行驶。此外，Machine 类的子类还包括开始、暂停、停止及回放，用于机械组件构建软件的控制。

表 7-3 动力换挡传动系机械组件 SOM 交互类结构表

HLAinteractionRoot（〈PS〉）	[〈Machine〉（〈PS〉）]	[〈Start〉（〈PS〉）]	[〈Forward〉（〈PS〉）]
			[〈Reverse〉（〈PS〉）]

（续）

HLAinteractionRoot（〈PS〉）	〈Machine〉（〈PS〉）	〈Shift〉（〈PS〉）	〈Upshift〉（〈PS〉）
			〈Downshift〉（〈PS〉）
			〈Neutral〉（〈PS〉）
		〈Shuttle〉（〈PS〉）	〈FR〉（〈PS〉）
			〈RF〉（〈PS〉）
		〈Run〉（〈PS〉）	〈Forward〉（〈PS〉）
			〈Reverse〉（〈PS〉）

注：P 为发布，S 为订阅。

表 7-4 中定义了表 7-2 中所有对象类的属性，转速、转矩属性表示对象类的状态，可随时间变化。

表 7-4 动力换挡传动系机械组件 SOM 对象属性表

对象	属性	数据类型	更新条件	D/A	P/S
〈Machine Shaft〉	〈Speed〉	〈HLAFloat64BE〉	〈1/step〉	〈DA〉	〈PS〉
	〈Torque〉	〈HLAFloat64BE〉	〈1/step〉	〈DA〉	〈PS〉
〈Machine Gear〉	〈Speed〉	〈HLAFloat64BE〉	〈1/step〉	〈DA〉	〈PS〉
	〈Torque〉	〈HLAFloat64BE〉	〈1/step〉	〈DA〉	〈PS〉
〈Machine Clutch〉	〈Speed〉	〈HLAFloat64BE〉	〈1/step〉	〈DA〉	〈PS〉
	〈Torque〉	〈HLAFloat64BE〉	〈1/step〉	〈DA〉	〈PS〉
〈Machine Synchronizer〉	〈Torque〉	〈HLAFloat64BE〉	〈1/step〉	〈DA〉	〈PS〉
〈Machine Bearing〉	〈Speed〉	〈HLAFloat64BE〉	〈1/step〉	〈DA〉	〈PS〉
〈Machine Loading〉	〈Torque〉	〈HLAFloat64BE〉	〈1/step〉	〈DA〉	〈S〉

注：D 为可释放，A 为可获得，P 为发布，S 为订阅。

表 7-5 中定义了表 7-3 中所有交互类的参数，拖拉机行驶速度、前进/倒挡开关、当前挡位、目标挡位、滑转率、发动机油门开度表示交互类的交互特征。

表 7-5 动力换挡传动系机械组件 SOM 交互参数表

交互	参数	数据类型	可用维	传输	顺序
〈Machine Start〉	〈Speed〉	〈HLAFloat64BE〉	〈NA〉	HLAreliable	〈TO〉
	〈F/Rwitch〉	〈HLAFloat64BE〉	〈NA〉	HLAreliable	〈TO〉
	〈CurrentGear〉	〈HLAFloat64BE〉	〈NA〉	HLAreliable	〈TO〉
〈Machine Shift〉	〈Speed〉	〈HLAFloat64BE〉	〈NA〉	HLAreliable	〈TO〉
	〈CurrentGear〉	〈HLAFloat64BE〉	〈NA〉	HLAreliable	〈TO〉
	〈TargetGear〉	〈HLAFloat64BE〉	〈NA〉	HLAreliable	〈TO〉
	〈SlipRate〉	〈HLAFloat64BE〉	〈NA〉	HLAreliable	〈TO〉
	〈Throttle〉	〈HLAFloat64BE〉	〈NA〉	HLAreliable	〈TO〉

（续）

交互	参数	数据类型	可用维	传输	顺序
〈Machine Shuttle〉	〈Speed〉	〈HLAFloat64BE〉	〈NA〉	HLAreliable	〈TO〉
	〈F/Rwitch〉	〈HLAFloat64BE〉	〈NA〉	HLAreliable	〈TO〉
	〈CurrentGear〉	〈HLAFloat64BE〉	〈NA〉	HLAreliable	〈TO〉
〈Machine. Run〉	〈Speed〉	〈HLAFloat64BE〉	〈NA〉	HLAreliable	〈TO〉
	〈F/Rwitch〉	〈HLAFloat64BE〉	〈NA〉	HLAreliable	〈TO〉

注：NA 表示没有，TO 表示时戳顺序。

7.2 动力换挡传动系液压系统建模

　　动力换挡传动系液压组件为虚拟试验系统提供液压参数，包括换挡电磁阀控制液压油流量、活塞移动距离、活塞移动速度、换挡离合器摩擦片压力和脉冲宽度调制（简称 PWM）周期和占空比等信息。以前进 H_i - V - I 挡升挡至 H_i - V - II 挡为例，分析动力换挡传动系换挡过程液压系统数学模型，换挡时压力传递如图 7-6 所示。

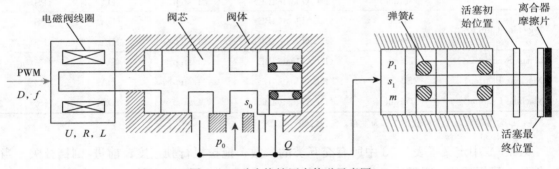

图 7-6　动力换挡压力传递示意图

　　TCU 发出 PWM 信号，对换挡电磁阀驱动电流进行控制，二者之间的关系式为：

$$I = \frac{U}{2R} \frac{(1-A)(1+B)}{1-AB} \tag{7-10}$$

　　式中，I 为换挡电磁阀驱动电流（A）；U 为换挡电磁阀线圈电压（V）；R 为换挡电磁阀线圈电阻（Ω）；A、B 表达式分别为：

$$A = e^{-DR/fL} \tag{7-11}$$

$$B = e^{-(1-D)R/fL} \tag{7-12}$$

　　式中，D 为 PWM 信号占空比；f 为 PWM 信号频率（Hz）；L 为换挡电磁阀线圈电感（H）。

　　根据换挡电磁阀电流和流量特性曲线，可得到在系统压力下，通过换挡电磁阀控制活塞的液压油流量，流量和压力之间的关系式为：

$$Q = \alpha s_0 \sqrt{2(p_1 - p_0)/\rho} \tag{7-13}$$

式中，Q 为通过换挡电磁阀控制液压油流量（L/min）；α 为换挡电磁阀阀口流量系数；s_0 为图示阀口过流面积（m^2）；p_1 为活塞腔压力（Pa）；p_0 为系统压力（Pa）；ρ 为油液密度（kg/m^3）。

（1）准备阶段 换挡电磁阀 A 控制电流下降，活塞腔压力下降，换挡离合器 A 传递转矩下降至当前载荷转矩，离合器摩擦片不打滑。此过程中活塞没有运动，根据活塞受力平衡，得到活塞对换挡离合器 A 摩擦片作用力表达式为：

$$F_A = p_1 s_1 - k(x_0 + x) \tag{7-14}$$

式中，F_A 为活塞对换挡离合器 A 摩擦片作用力（N）；s_1 为活塞面积（m^2）；k 为活塞弹簧刚度（N/m）；x_0 为弹簧预压缩量（m）；x 为活塞位移量（向前为正，向后为负）（m）。

换挡离合器 A 传递转矩表达式为：

$$T_A = \mu r F_A N \eta \tag{7-15}$$

式中，μ 为换挡离合器摩擦片摩擦系数；r 为摩擦力作用半径（m）；N 为摩擦片对数；η 为活塞对换挡离合器摩擦片作用力损失系数。

换挡电磁阀 B 控制电流上升，活塞腔压力上升，活塞杆推动摩擦片运动，使摩擦片间隙为 0，传递转矩为 0。以活塞为研究对象，建立动力学方程为：

$$m\ddot{x} + C\dot{x} + k(x + x_0) = p_1 s_1 \tag{7-16}$$

式中，m 为活塞质量（kg）；C 为活塞黏性阻尼系数。

（2）转矩重叠阶段 换挡电磁阀 A 控制电流继续下降，活塞腔压力下降，传递转矩下降至 0，摩擦片间隙为 0。此过程中活塞没有运动，仍满足关系式（7-14）（7-15）。

换挡电磁阀 B 控制电流上升，活塞腔压力上升，传递转矩上升至当前载荷转矩，摩擦片不打滑。此过程中活塞没有运动，根据活塞受力平衡，得到活塞对换挡离合器 B 摩擦片作用力表达式为：

$$F_B = p_1 s_1 - k(x_0 + x) \tag{7-17}$$

（3）保持阶段 换挡离合器 A 摩擦片在活塞弹簧的作用下彻底分离，分离过程满足关系式（7-16）。

换挡电磁阀 B 控制电流继续上升，活塞腔压力上升，传递转矩上升至最大转矩，活塞对换挡离合器 B 摩擦片作用力仍满足关系式（7-17）。

AMESim 软件是商用多领域建模仿真软件，在液压领域具有完善的建模元件库。利用 AMESim 软件进行动力换挡传动系液压系统仿真，为虚拟试验系统提供液压领域的试验数据，建立的动力换挡传动系液压系统模型如图 7-7 所示。

将动力换挡传动系液压系统模型作为 HLA 组件，命名为 Hydraumatic，其 SOM 对象类结构表和对象属性如表 7-6 和表 7-7 所示，通过 SOM 规范了动力换挡传动系液压组件与其他组件数据交换标准，通过订阅其他组件发布的对象类属性和交互类参数完成组件间数据交互。动力换挡传动系液压组件 SOM 鉴别表与表 7-1 类似，不再罗列。

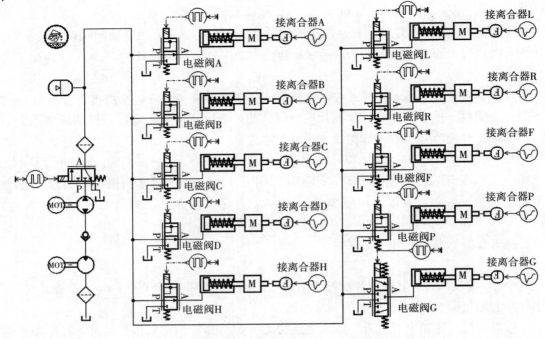

图 7-7 动力换挡传动系液压系统 AMESim 模型

表 7-6 动力换挡传动系液压组件 SOM 对象类结构表

HLAobjectRoot（〈PS〉） ［〈Hydraumatic〉（〈PS〉）］	［〈Clutch〉（〈PS〉）］ ［〈PWM〉（〈S〉）］ ［〈Valve〉（〈S〉）］ ［〈Actuator〉（〈P〉）］

注：P 为发布，S 为订阅。

表 7-6 定义了动力换挡传动系液压组件对象类之间的关系，对动力换挡传动系液压组件能够在虚拟试验系统中发布订阅的对象类进行公告。HLAobjectRoot 是 SOM 所有对象类的超类，Hydraumatic 类为其子类，Hydraumatic 类的子类包括离合器类、PWM 类、电磁阀类和执行器类。动力换挡传动系液压组件 SOM 交互类结构表与动力换挡传动系机械组件 SOM 交互类结构表一致。

表 7-7 动力换挡传动系液压组件 SOM 对象属性表

对象	属性	数据类型	更新条件	D/A	P/S
〈Hydraumatic Clutch〉	〈Speed〉	〈HLAFloat64BE〉	〈1/step〉	〈DA〉	〈PS〉
	〈Pressure〉	〈HLAFloat64BE〉	〈1/step〉	〈DA〉	〈PS〉
〈Hydraumatic PWM〉	〈DutyCycle〉	〈HLAFloat64BE〉	〈1/step〉	〈DA〉	〈S〉
	〈Frequency〉	〈HLAFloat64BE〉	〈1/step〉	〈DA〉	〈S〉
〈Hydraumatic Valve〉	〈Current〉	〈HLAFloat64BE〉	〈1/step〉	〈DA〉	〈P〉
〈Hydraumatic Actuator〉	〈Displacement〉	〈HLAFloat64BE〉	〈1/step〉	〈DA〉	〈P〉
	〈Speed〉	〈HLAFloat64BE〉	〈1/step〉	〈DA〉	〈P〉

注：D 为可释放，A 为可获得，P 为发布，S 为订阅。

表 7-7 中，离合器类属性为转速和压力，PWM 类属性为占空比和频率，电磁阀类属性为电磁阀控制信号，执行器类属性为线位移和线速度。动力换挡传动系液压组件 SOM 交互类参数表与动力换挡传动系机械组件 SOM 交互类参数表一致。

7.3 动力换挡传动系控制系统建模

动力换挡传动系控制组件为虚拟试验系统提供动力换挡传动系控制参数，包括驾驶员操作信号、拖拉机状态信号和 PWM 信号。在换挡过程的 3 个阶段，动力换挡传动系控制组件产生相应的 PWM 信号，发布至动力换挡传动系液压组件和动力换挡传动系机械组件，执行相应的换挡动作，完成换挡。动力换挡传动系控制系统控制原理如图 7-8 所示。

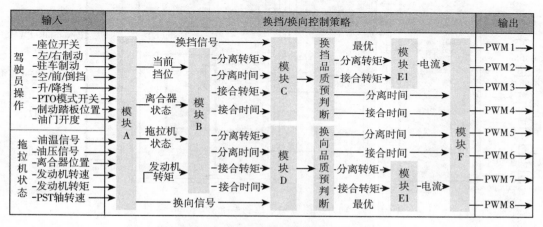

图 7-8 动力换挡传动系控制系统控制原理

在图 7-8 中，动力换挡传动系控制系统输入信号包括升/降挡信号等表达驾驶员操作意图的信号和油温信号等拖拉机状态信号，换挡/换向控制策略根据输入信号，解算得到离合器最优分离/接合转矩和时间，输出相应的电磁阀控制信号。换挡/换向控制策略由 6 个模块实现，分别为模块 A、模块 B、模块 C、模块 D、模块 E（E1 和 E2）及模块 F。模块 A 根据驾驶员操作信号和拖拉机状态信号，确定当前挡位、换挡/换向离合器分离/接合状态和拖拉机行驶方向。模块 B 在模块 A 输出参数的基础上，结合发动机转矩，计算分离离合器转矩、分离时间、接合离合器转矩和接合时间。模块 C 在模块 B 输出参数的基础上，结合模块 A 中拖拉机行驶方向信号，预判断换挡品质。模块 D 与模块 C 相似，预判断换向品质。通过调整离合器分离/接合转矩和时间，改善换挡、换向品质。模块 E1、模块 E2 根据调整结果，将离合器接合分离转矩转换为电磁阀控制信号。模块 F 匹配离合器分离/接合转矩和时间，输出 8 路电磁阀控制信号。

Matlab/Simulink 软件是商用控制领域建模仿真软件，利用 Matlab 软件进行动力换挡传动系控制系统仿真，为虚拟试验系统提供控制领域的试验数据，建立的动力换挡传动系控制系统模型如图 7-9 所示。

将动力换挡传动系控制系统模型作为 HLA 组件，命名为 Control，其 SOM 对象类结构

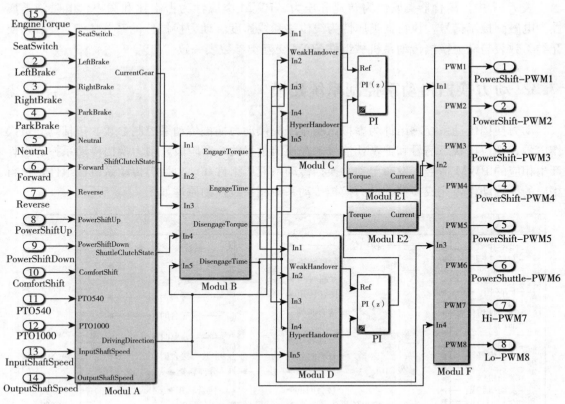

图 7-9　动力换挡传动系控制系统 Simulink 模型

表和对象属性如表 7-8 和表 7-9 所示，通过 SOM 规范了 Control 组件与其他组件数据交换标准，通过订阅其他组件发布的对象类属性和交互类参数完成组件间数据交互。动力换挡传动系控制组件 SOM 鉴别表与表 7-1 类似，不再罗列。

表 7-8 定义了动力换挡传动系控制组件对象类之间的关系，对动力换挡传动系控制组件能够在虚拟试验系统中发布订阅的对象类进行公告。

表 7-8　动力换挡传动系控制组件 SOM 对象类结构表

HLAobjectRoot（〈PS〉）	［〈Control〉（〈PS〉）］	［〈Switch〉（〈S〉）］
		［〈Analog〉（〈PS〉）］
		［〈Impulse〉（〈PS〉）］
		［〈PWM〉（〈PS〉）］

注：P 为发布，S 为订阅。

　　HLAobjectRoot 是 SOM 所有对象类的超类，Control 类为其子类，Control 类的子类包括开关信号类、模拟信号类、脉冲信号类及 PWM 类。动力换挡传动系控制组件 SOM 交互类结构表与动力换挡传动系机械组件 SOM 交互类结构表一致。

　　表 7-9 定义了表 7-8 中所有对象类的属性，开关信号类属性为二进制值，模拟信号类属性为信号幅值，脉冲信号类属性为信号频率，PWM 类属性为占空比和频率。动力换挡传

动系控制系统中开关信号对象实例包括座位开关、左制动开关、右制动开关、驻车制动开关、空挡开关、前进挡开关、倒挡开关、动力换挡升挡开关、动力换挡降挡开关、舒适换挡开关、PTO 轴转速切换开关。模拟信号对象实例包括温度传感器、压力传感器、换挡离合器位置传感器、制动踏板位置传感器及载荷信号。脉冲信号对象实例包括输入轴转速、动力换挡转速、动力换向转速、输出轴转速及 PTO 轴转速。PWM 对象实例包括 8 路 PWM 信号。动力换挡传动系控制组件 SOM 交互类参数表与动力换挡传动系机械组件 SOM 交互类参数表一致。

表 7-9　动力换挡传动系控制组件 SOM 对象属性表

对象	属性	数据类型	更新类型	更新条件	D/A	P/S
〈Control. Switch〉	〈 BinaryNum〉	〈HLAASCIIchar〉	〈Periodic〉	〈1/step〉	〈DA〉	〈S〉
〈Control. Analog〉	〈Amplitude〉	〈HLAFloat64BE〉	〈Periodic〉	〈1/step〉	〈DA〉	〈PS〉
〈Control. Impulse〉	〈Frequency〉	〈HLAFloat64BE〉	〈Periodic〉	〈1/step〉	〈DA〉	〈PS〉
〈Control. PWM〉	〈DutyCycle〉	〈HLAFloat64BE〉	〈Periodic〉	〈1/step〉	〈DA〉	〈PS〉
	〈Frequency〉	〈HLAFloat64BE〉	〈Periodic〉	〈1/step〉	〈DA〉	〈PS〉

注：D 为可释放，A 为可获得，P 为发布，S 为订阅。

7.4 动力换挡传动系负载系统建模

载荷作为动力换挡传动系虚拟试验的边界条件，其模型的精确度对试验结果的可信度具有较大影响。建立拖拉机田间作业时动力换挡传动系输出轴转矩载荷数据库，利用数据库访问技术实现载荷组件与 HLA 其他组件的数据交互，形成满足 HLA 规范的动力换挡传动系虚拟试验载荷组件。

7.4.1 载荷数据库

将拖拉机沙土和黏土 2 种土壤类型下犁耕、旋耕和驱动耙 3 种典型作业时的 PTO 轴转矩、前驱动轴转矩和最终传动半轴转矩建立载荷数据库。为丰富载荷数据库，对以上载荷数据综合处理生成多工况载荷。以 Access 数据库为平台，建立动力换挡传动系输出轴载荷数据库，如图 7-10 所示。

PSTLoadingTable

SPW	SPF	SRW	SRF	SRJ	SDW	SDF	SDJ	CPW	CPF	CRW	CRF	CRJ	CDW	CDF
753	463	451	742	1153	465	756	1262	485	786	475	776	1360	558	863
753	471	451	745	1153	466	755	1268	485	785	472	776	1360	560	862
751	468	450	745	1152	465	755	1268	488	785	473	775	1356	563	862
758	473	443	746	1153	463	753	1272	485	792	473	779	1359	560	865
762	477	445	744	1156	467	754	1273	486	789	479	780	1360	562	866
759	488	445	750	1157	464	762	1268	489	793	478	780	1360	565	862
770	485	453	751	1151	469	760	1280	493	799	480	776	1365	569	870
768	469	450	751	1160	472	766	1286	496	795	476	772	1365	560	870
775	481	455	746	1167	465	758	1278	485	799	475	780	1360	559	865
775	487	455	745	1170	477	762	1280	486	801	475	780	1360	559	870
776	461	449	748	1159	477	770	1288	496	796	476	782	1362	562	872
775	465	448	745	1168	476	768	1285	499	792	479	776	1363	560	875

图 7-10　动力换挡传动系输出轴载荷数据库

在图 7-10 中，动力换挡传动系输出轴载荷数据库包括 19 字段：字段名称首字母中 S 表示沙土类型，C 表示分别黏土类型，Z 表示综合类型；中间字母中 P 表示犁耕作业，R 表示旋耕作业，D 表示驱动耙作业，X 表示综合作业；第 3 字母中 W 表示最终传动半轴，F 表示前驱动轴，J 表示 PTO 轴。例如，沙土犁耕作业动力换挡传动系最终传动半轴载荷表示为 SPW。数据类型均为数字，单位均为 N·m。

7.4.2 载荷组件 SOM

将载荷数据库作为 HLA 组件，命名为 Loading。其 SOM 对象类结构如表 7-10 所示，Loading 类为 HLA object Root 子类，表中不再显示。通过 SOM 规范了载荷组件与其他组件的数据交换标准，载荷组件只发布消息，不订阅消息。

表 7-10 载荷组件 SOM 对象类结构表

[〈Loading〉（〈P〉）]	[〈Sand〉（〈P〉）]	[〈Plough〉（〈P〉）]	[〈Front output shaft〉（〈P〉）]
			[〈Reverse output shaft〉（〈P〉）]
		[〈Rotary tillage〉（〈P〉）]	[〈Front output shaft〉（〈P〉）]
			[〈Reverse output shaft〉（〈P〉）]
			[〈PTO shaft〉（〈P〉）]
		[〈Driven harrow〉（〈P〉）]	[〈Front output shaft〉（〈P〉）]
			[〈Reverse output shaft〉（〈P〉）]
			[〈PTO shaft〉（〈P〉）]
	[〈Clay〉（〈P〉）]	[〈Plough〉（〈P〉）]	[〈Front output shaft〉（〈P〉）]
			[〈Reverse output shaft〉（〈P〉）]
		[〈Rotary tillage〉（〈P〉）]	[〈Front output shaft〉（〈P〉）]
			[〈Reverse output shaft〉（〈P〉）]
			[〈PTO shaft〉（〈P〉）]
		[〈Driven harrow〉（〈P〉）]	[〈Front output shaft〉（〈P〉）]
			[〈Reverse output shaft〉（〈P〉）]
			[〈PTO shaft〉（〈P〉）]
	[〈Composite condition〉（〈P〉）]		[〈Front output shaft〉（〈P〉）]
			[〈Reverse output shaft〉（〈P〉）]
			[〈PTO shaft〉（〈P〉）]

表 7-10 中，Loading 类的子类为 Sand 类、Clay 类和 Composite condition 类；Sand 类和 Clay 类的子类均为 Plough 类、Rotary tillage 类和 Driven harrow 类；Plough 类的子类为 Front output shaft 类和 Reverse output shaft 类；Rotary tillage 类、Driven harrow 类和 Composite condition 类的子类均为 Front output shaft 类、Reverse output shaft 类和 PTO shaft 类。载荷组件所有对象类的属性均为 Torque。

7.4.3 组件间消息映射关系

组件间命名一致的对象属性和交互参数属于直接映射。动力换挡传动系机械组件载荷类对象属性与载荷组件对象属性直接映射，离合器类对象属性与动力换挡传动系液压组件离合器类对象属性直接映射。

轴类对象属性与动力换挡传动系控制组件脉冲类对象属性映射计算式为：

$$n = 60a/M \tag{7-18}$$

式中，n 为轴类转速（r/min）；a 为每秒脉冲个数；M 为测量齿轮齿数。

动力换挡传动系液压组件换挡离合器类 Pressure 属性与机械组件换挡离合器类 Torque 属性映射关系为：

$$T = \mu prsN\eta \tag{7-19}$$

式中，T 为换挡离合器转矩（N·m）；p 为换挡离合器压力（Pa）；s 为换挡离合器摩擦片面积（m²）。

动力换挡传动系液压组件换挡电磁阀类电磁阀驱动电流属性与动力换挡传动系控制组件 PWM 类占空比和周期属性映射关系为式（7-10）~式（7-12）。

为了确保动力换挡传动系液压组件中换挡离合器压力和相应换挡电磁阀驱动电流之间的正确映射关系，在分析二者理论关系的基础上，采用试验的方法得到了 4 个动力换挡离合器压力和换挡电磁阀驱动电流的关系，试验结果如图 7-11 所示。

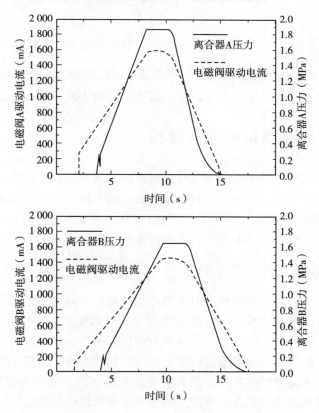

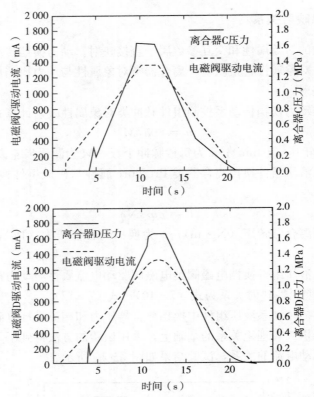

图 7 - 11 换挡离合器压力与电磁阀驱动电流映射关系

在图 7 - 11 中，4 个换挡离合器压力与相应换挡电磁阀驱动电流的映射关系通过标定试验测取，由于 4 个换挡离合器中摩擦片数量、直径等参数不同，所以标定曲线会有所差别。

7.5 动力换挡传动系试验平台建模

动力换挡传动系试验项目中，当通过理论建模的方法无法建立精确的模型时，一般采用物理模型代替，通过虚实融合的方式达到试验目的。动力换挡传动系试验台架和动力换挡传动系控制器仿真模型建立困难，因此均采用物理模型。动力换挡传动系虚拟试验系统物理组件有动力换挡传动系试验台架组件和动力换挡传动系控制器组件。

7.5.1 动力换挡传动系试验台架组件

动力换挡传动系试验台架能够对动力换挡传动系施加载荷，用于动力换挡传动系性能研究与耐久试验。动力换挡传动系试验台架实物如图 7 - 12 所示。

在图 7 - 12 中，加载电机的命名方式以动力换挡传动系为基准，动力换挡传动系前驱动轴连接电机为前加载电机，左后半轴连接电机为左后加载电机，右后半轴连接电机为右后加载电机。动力换挡传动系的驱动和加载都采用交流变频电机，试验台架可满足 132kW 拖拉机动力换挡传动系加载载荷需求。动力换挡传动系试验台架电气系统原理如图 7 - 13 所示。

图 7-12　动力换挡传动系试验台架

1. 驱动电机　2. 左后加载电机　3. 控制室　4.PTO轴加载电机　5.双向动力电池模拟器　6.变频器组

7. 右后加载电机　8. 前加载电机　9. 动力换挡传动系

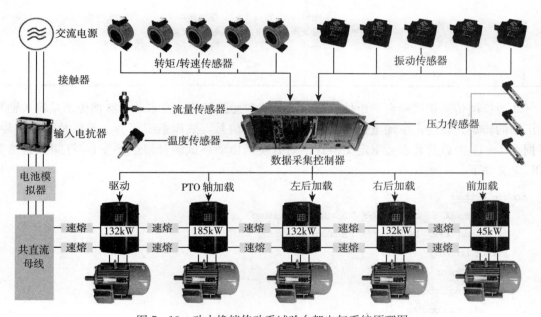

图 7-13　动力换挡传动系试验台架电气系统原理图

在图 7-13 中，台架总功率为 260kW。其中，驱动电机功率为 132kW，5 个电机的风机功率为 15kW，模拟电源的动力电池功率为 100kW，液压站功率为 2kW 及控制回路功率为 8kW。直流母线最高电压为 700V。5 台电机采用共直流母线方式取电或馈电，利用动力电池模拟器与电网双向能量交换，节能高效。转矩/转速传感器测试电机转矩/转速，振动传感器监测电机的运行状态，流量传感器、压力传感器和温度传感器分别测量动力换挡传动系试验台架液压系统流量、压力和温度。数据采集控制器采集所有传感器信号，输出变频器控

109

制信号。

动力换挡传动系试验台架组件是 DDS 组件，组件发布/订阅 2 种数据类型，一种是载荷数据类型，定义见表 7-11，一种是传感器数据类型，定义见表 7-12。

表 7-11 载荷数据类型定义表

序号	数据项	说明
1	电机类型	驱动电机和加载电机
2	电机编号	1.驱动电机；2.前加载电机；3.左后加载电机；4.右后加载电机；5.PTO 轴加载电机
3	载荷数据库编号	0.驱动载荷；(1~19).加载载荷
4	载荷值	

表 7-12 传感器数据类型定义表

序号	数据项	说明
1	传感器类型	转矩/转速、振动、温度、压力、流量
2	传感器编号	电机转矩/转速 1~5、电机振动 1~5、台架液压系统温度 1、台架液压系统压力 1~3、台架液压系统流量 1
3	时间	
4	传感器值	

动力换挡传动系试验台架组件订阅驱动载荷和加载载荷，发布动力换挡传动系输入轴和输出轴的转矩、转速，驱动电机和加载电机的振动信号，液压系统压力、流量及温度信号。根据表 7-11 中载荷数据类型定义格式，动力换挡传动系试验台架组件发布/订阅数据类型 IDL 定义如下：

```
moduleTestbed
{   # pragma DCPS _ DATA _ TYPE "Testbed：Loading"
    # pragma DCPS _ DATA _ KEY "Testbed：Loading _ ID"
    struct Loading
    {string Motor _ type;
        string Motor _ No;
        string Loading _ ID;
      double Loading _ value;};
    # pragma DCPS _ DATA _ TYPE "Testbed：Sensor"
    # pragma DCPS _ DATA _ KEY "Testbed：Sensor _ type"
    enumSensorType
    {   Sensor _ Torque/speed,
        Sensor _ Vibrating,
        Sensor _ Temperature,
        Sensor _ Pressure,
```

```
      Sensor _ Flow};
      struct Sensor
{    string Sensor _ type;
      string Sensor _ No;
   TimeBase：：TimeT timestamp;
double Sensor _ value;};}
```

7.5.2　动力换挡传动系控制器组件

动力换挡传动系控制器仿真模型的建立较为困难，且建模精度较低，因此采用控制器物理模型代替，动力换挡传动系控制器半实物仿真平台如图 7-14 所示。

图 7-14　动力换挡传动系控制器半实物仿真平台

在图 7-14 中，动力换挡传动系控制器为通用控制器，具有丰富的输入/输出端口，动力换挡传动系换挡控制算法代码可嵌入控制器。控制器可接入传感器信号或者由动力换挡传动系控制组件产生的输入信号，控制器输出可控制动力换挡传动系物理组件或者仿真组件的信号。

动力换挡传动系控制器组件是 DDS 组件，订阅数据类型与动力换挡传动系控制组件开关类、模拟类、脉冲类对象属性一致，发布数据类型与动力换挡传动系控制组件 PWM 类对象属性一致。动力换挡传动系控制器组件数据类型定义见表 7-13。

表 7-13　动力换挡传动系控制器组件数据类型定义表

序号	数据项	说明
1	信号类型	开关信号、模拟信号、脉冲信号及 PWM 信号
2	开关信号编号	1. 座位开关；2. 左制动开关；3. 右制动开关；4. 驻车制动开关；5. 空挡开关；6. 前进挡开关；7. 倒挡开关；8. 升挡开关；9. 降挡开关；10. 舒适换挡开关；11.PTO 轴 540/1 000 切换开关
3	模拟信号编号	1. 液压系统温度信号；2. 液压系统压力信号；3. 换挡离合器位置信号；4. 制动踏板位置信号；5. 载荷信号
4	脉冲信号编号	1. 动力换挡传动系输入轴转速信号；2. 动力换挡转速信号；3. 动力换向转速信号；4. 动力换挡传动系输出轴转速信号；5.PTO 轴转速信号
5	时间	
6	信号值	

7.6 模型与体系接口封装技术

动力换挡传动系物理组件通过以太网接口接入 DDS 体系，通过在 Open DDS 软件中配置数据类型、主题及服务质量 QoS，实现物理组件与 DDS 体系的融合。基于商用软件建立仿真组件，采用数据库建立载荷组件，商用软件与数据库无法与 HLA 体系直接通信，需要将仿真组件和载荷组件的输入输出接口进行封装，使其能够调用 HLA RTI 接口函数，实现模型间的数据动态交互。

7.6.1 仿真组件 HLA 封装

商用软件 Adams、AMESim 和 Simulink 的数据解算和数据结构均存在差异，接入 HLA 体系的方法不同。通过屏蔽不同软件内部数据传输方面的差异，封装商用软件与 HLA 接口，设计了不同商用软件的 HLA 通用封装方法。

利用 Adams 用户自定义子程序接口、AMESim 二次开发平台 AMESet 和 Simulink S 函数实现商用软件 HLA 封装。HLA 封装采用以下 5 个标准化函数：

①商用软件的启动及仿真组件的初始化函数 Initialize Modul（参数）；

②商用软件仿真组件步进驱动函数 TimeAdvance（参数）；

③仿真组件步进更新后，从 workspace 调取输出变量值函数 GetValue（参数）；

④组件每次数据交换后，将变量值放入软件 workspace 函数 PutValue（参数）；

⑤商用软件的关闭及仿真组件的处理函数 EndModul（参数）。

以 Adams 软件为例，对 5 个标准化函数定义如下：

①函数 InitializeModul（参数）：Solver 命令、脚本文件定义仿真组件初始化；

②函数 TimeAdvance（参数）：与 InitializeModul（参数）函数共享内存空间，利用互斥信号量方法对仿真组件进行步进驱动；

③函数 GetValue（参数）：软件自动调用利用 REQSUB 子程序，从软件 workspace 调取输出变量值；

④函数 PutValue（参数）：软件自动调用利用 VARSUB 子程序，将变量值放入软件 workspace；

⑤函数 EndModul（参数）：Solver 命令、脚本文件定义仿真组件停止处理。

7.6.2 载荷组件 HLA 封装

采用活动数据对象（Active Data Object，简称 ADO）数据库访问技术对载荷组件进行连接与访问。由于载荷组件只是在动力换挡传动系虚拟试验系统初始化阶段对数据进行发布，因此，对载荷组件的访问只是获取载荷数据，不需要对数据库进行修改和更新。在 HLA 环境下，载荷组件作为后台数据库，前端利用 ADO 数据库访问技术获取载荷数据。以获取沙土犁耕作业动力换挡传动系最终传动半轴载荷（简称 SPW）为例，其具体操作代码如下：

```
#import " c： \ program files \ ado \ msado15.dll" //引用 ADO 组件库
```

```
using namespace ADODB;
// 打开数据库 //
_ ConnectionPtr 动力换挡传动系 Connection;
CoInitialize (NULL);  //初始化 ADO 组件库
动力换挡传动系 Connection. CreateInstance (_ _ uuidof (Connection));  \ 创建实例指针
try
｛动力换挡传动系 Connection - 〉 Open (" Provider = Microsoft. Jet. OLEDB. 4. 0; Data Source = 动力换
挡传动系 Loading. mdb","","","",);  //打开载荷数据库，后面 3 个参数缺省｝
// 打开数据库数据表//
_ RecordsetPtr   动力换挡传动系 Recordset;
动力换挡传动系 Recordset. CreateInstance (_ _ uuidof (Recordset));
try
｛动力换挡传动系 Recordset - 〉 Open (" SELECT * FROM 动力换挡传动系 LoadingTable",
theApp. 动力换挡传动系 Connection. GetInterfacePtr (),"","","","",);｝
// 读取数据表指定字段数据 //
_ variant _ t var;
CString strSPW;
if (! 动力换挡传动系 Recordset - 〉 EOF)
var = 动力换挡传动系 Recordset - 〉 GetCollect (" SPD");  //获取沙土犁耕作业动力换挡传动系最
终传动半轴载荷 (SPW)
else ｛AfxMessageBox (" 表内数据为空");  return;｝
```

第8章 动力换挡传动系虚拟试验管理与人机交互技术

按试验标准或研究目标执行的动力换挡传动系虚拟试验任务需要设置试验条件和试验流程，对试验数据进行管理，对试验进程进行监视。在建立的动力换挡传动系多领域仿真组件、载荷组件、物理组件和规范组件间数据交换标准的基础上，本章阐述动力换挡传动系虚拟试验系统试验管理组件和试验监控组件的运行原理，介绍组件运行平台的设计。

8.1 试验管理运行原理

动力换挡传动系虚拟试验系统试验管理组件主要作用是组织动力换挡传动系仿真组件、载荷组件和物理组件，完成基于试验标准或研究目标的试验流程、试验数据管理，提供试验流程制定、试验数据管理、试验进程监控及试验结果查看等功能。试验管理组件既要完成规定流程的标准试验管理和研究性试验的通用试验流程编辑，又要实现动力换挡传动系虚拟试验系统试验数据的存储和管理。

8.1.1 试验管理组件架构

动力换挡传动系虚拟试验系统试验管理组件的构成框架如图8-1所示。

在图8-1中，试验管理组件名称为Manage，其SOM对象类包括仿真类和物理类，仿真类的子类包括动力换挡传动系机械组件、动力换挡传动系液压组件、动力换挡传动系控制组件和载荷组件，物理类的子类包括动力换挡传动系试验台架组件和动力换挡传动系控制器组件。Manage对象类为参与虚拟试验的组件，通过发布不同的对象类，构成不同的动力换挡传动系虚拟试验样品。Manage的SOM交互类包括指令类和参数类，指令类的子类包括虚拟试验开始、暂停、停止及回放，参数类指虚拟试验设定的拖拉机参数及虚拟试验条件参数。Manage交互类为虚拟试验运行控制的指令及初始化参数，通过发布不同的交互类，完成不同的试验流程管理。

试验管理组件是一个试验现场编辑平台，与动力换挡传动系虚拟试验系统通过软件接口连接，为试验人员提供试验操作环境。该组件分有3个功能：虚拟试验方案设置、虚拟试验流程控制和虚拟试验数据管理。

虚拟试验方案设置功能包括构建虚拟试验样品、选择虚拟试验载荷、设置拖拉机参数及虚拟试验条件。虚拟试验样品的构建根据试验项目的要求，通过添加或删除动力换挡传动系机械组件、动力换挡传动系液压组件及动力换挡传动系控制组件实现。虚拟试验载荷分为标

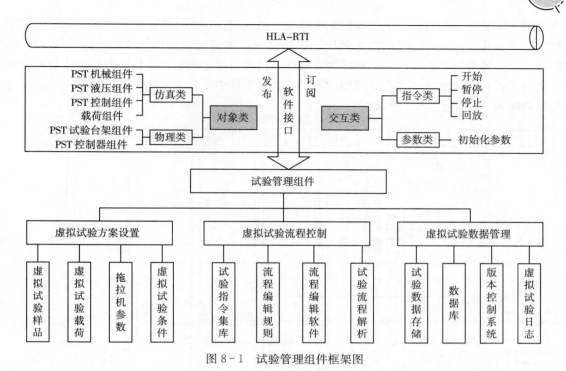

图 8-1　试验管理组件框架图

准载荷、田间载荷和自定义载荷。标准载荷指正弦或余弦载荷、方波载荷及脉冲载荷等载荷；田间载荷指载荷组件；自定义载荷指根据试验项目要求，试验人员编辑的载荷。拖拉机参数指虚拟试验过程中涉及的拖拉机其他参数，如拖拉机质量、行驶速度、驱动型式及发动机标定转矩等。虚拟试验条件指试验过程中对试验油温、油压、环境温度、试验时长等参数的限制。

虚拟试验流程控制功能包括试验指令集库、流程编辑规则、流程编辑软件和试验流程解析。试验指令集库存储试验过程中基本指令，每项指令对应一个试验操作基本功能。流程编辑规则指编辑试验流程时试验指令遵循的规则。流程编辑软件是试验流程编辑的平台，根据试验项目的不同，选取不同的试验指令，组成不同的试验流程。试验流程解析指试验管理组件对试验流程的编译与执行。

虚拟试验系统运行产生的数据具有体量大、数据类型类似（以试验参数时间序列为主）的特点，在虚拟试验结束之后，需要从试验数据中提取有用信息，对试验结果进行评价。数据库能够有效存储管理数据，同时可以对数据进行读取、查看等操作。因此，基于数据库实现试验数据管理功能。动力换挡传动系虚拟试验系统产生的数据自动存储在动力换挡传动系机械组件、动力换挡传动系液压组件和动力换挡传动系控制组件的 workspace，如果单独采用数据库管理试验数据就会影响虚拟试验执行效率。因此，采用版本控制系统（Version Control System，简称 VCS）对数据库进行补充。这样，数据库存储的只是各组件运行数据文件在 VCS 中存储的路径，真正的数据文件则存放在 VCS 中。虚拟试验日志包含试验项目名称、试验人员及试验时间等信息。

试验管理组件是试验人员对动力换挡传动系虚拟试验系统操作管理的平台，涉及试验方案设置、试验流程编辑、试验过程控制、试验数据存储、试验日志记录及试验过程回放等操作，各项操作之间具有一定的衔接顺序，在软件中体现为试验信息传输的时间顺序。UML 序列图是一种表达系统信息时间顺序的交互图，描述对象之间信息传输的时间顺序和系统动态执行过程，属于系统动态交互模型。将试验管理组件中操作作为序列图对象，建立试验管理组件序列图，如图 8-2 所示。

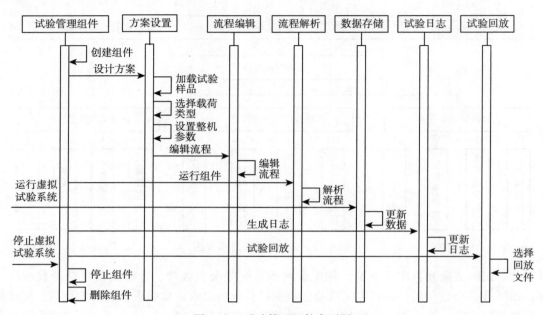

图 8-2　试验管理组件序列图

在图 8-2 中，试验管理组件中各项操作作为序列图对象排列在序列图顶部，纵轴方向表示各个对象信息传输时间顺序，横轴方向表示对象之间信息传输时间顺序。动力换挡传动系虚拟试验先创建试验管理组件，激活组件功能，根据试验项目要求，确定试验方案；根据试验方案中确定的具体内容，编辑试验流程，然后启动运行试验管理组件；组件运行时首先会读取试验流程并对其进行解析，解析完成后，虚拟试验系统启动运行；组件根据对试验流程解析结果，向系统发布订阅消息，系统按照试验流程运行；动力换挡传动系虚拟试验过程中，试验数据、试验日志不断更新，直至虚拟试验系统停止；系统停止后，试验管理组件随之停止并删除。

8.1.2　试验管理组件流程基本指令

为实现试验流程编辑的通用性，对试验过程中涉及的通用指令进行定义，所有指令形成基本指令集库。如果试验项目中出现新的试验指令，试验人员可现场定义，并扩充至基本指令集库。

根据动力换挡传动系相关试验标准［《拖拉机传动系效率的测定》（JB/T 8299—1999）、《拖拉机传动系　快速耐久试验方法》（JB/T 9838—1999）、《农林拖拉机和机械　负载换挡传动装置可靠性试验方法》（JB/T 11319—2013）等］及参考动力换挡传动系研究试验中积累的经验，分析提取出试验流程基本指令。将动力换挡传动系虚拟试验系统试验流程基本指令定义为初始化、开始、驱动、加载、循环、升挡、降挡、时长、暂停、继续、停止。试验流程基本指令定义采用统一格式，格式表述如图 8-3 所示。

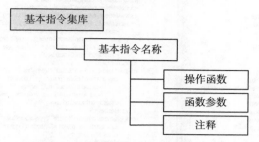

图 8-3　试验流程基本指令格式

在图 8-3 中，操作函数对试验流程进行控制，其函数参数实质是操作函数的输入参数，不返回输出参数，注释是对操作函数功能的描述。根据试验流程基本指令格式，定义的动力换挡传动系虚拟试验系统试验流程基本指令结果如表 8-1 所示。

表 8-1　试验流程基本指令定义表

基本指令名称	操作函数	函数参数	注释
初始化	Initialize（参数）	无	对试验系统所有组件初始化
开始	Start（参数）	无	试验系统开始运行
驱动	Driver（参数）	Torque、Speed	动力换挡传动系输入轴添加载荷
加载	Load（参数）	Torque、Speed	动力换挡传动系输出轴添加载荷
循环	Cycle（参数）	Number	载荷循环次数
升挡	Upshift（参数）	当前挡位、目标挡位	动力换挡传动系挡位上升 1 挡
降挡	Downshift（参数）	当前挡位、目标挡位	动力换挡传动系挡位降低 1 挡
时长	Time（参数）	Number	试验持续时间
暂停	Pause（参数）	无	对试验系统所有组件暂停
继续	Continue（参数）	无	试验系统继续运行
停止	Stop（参数）	无	试验系统停止运行

为方便试验人员编辑和试验系统解析试验流程基本指令，采用 XML 描述基本指令，遵循中国国家标准 GB 2312。XML 使用简单，可根据试验项目需求，自定义数据及其结构。同时，XML 与 Access（载荷组件）具有较好的兼容性。试验人员可以利用 XML 自定义基本指令数据元素及元素间逻辑关系，但是，自定义的数据元素结构、类型、逻辑关系均需满足试验系统辨识要求。为此，采用 XML Schema 描述试验流程指令，Schema 是一种数据结构，XML Schema 基于 XML 描述 XML 文档结构和内容格式，形成试验流程指令定义的标准框架。利用 XML Schema 在 XML 编辑器中定义的试验流程基本指令如图 8-4 所示。

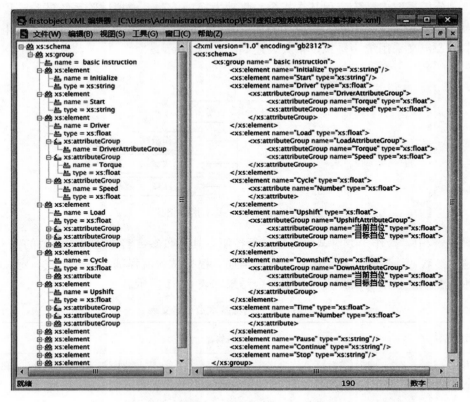

图 8-4 试验流程基本指令 XML 编辑界面

在图 8-4 中，在 XML 编辑器对表 8-1 中定义的试验流程基本指令进行了编辑，生成的基本指令可用于试验流程的编辑。

8.1.3 试验管理组件流程文件

流程文件是试验人员对动力换挡传动系虚拟试验系统操作控制的原始数据，在试验流程基本指令的基础上，该文件描述了试验项目从开始至结束的所有控制指令和操作步骤。试验管理组件加载试验流程文件，解析文件，得到系统操作控制命令，组件通过发布订阅消息，指导系统其他组件试验进程，完成试验项目任务。为了方便试验人员编辑和试验系统解析试验流程文件，对试验流程文件格式进行定义，如图 8-5 所示。

在图 8-5 中，参与试验的组件利用组件的名称进行辨识，组件 SOM 对象属性/交互参数指组件发布订阅的消息，可对参数的表达式、

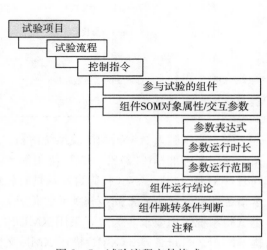

图 8-5 试验流程文件格式

运行时长及运行范围进行定义。组件运行结论指当前控制指令下组件运行结果。组件跳转条件判断指组件运行过程中动态判断运行结果是否触发了某项跳转条件，并指向下一条控制指令。注释指试验人员对试验流程的自定义解释。

仍采用 XML Schema 描述试验流程，在动力换挡传动系耐久性虚拟试验中，需要载荷组件中综合工况动力换挡传动系最终传动半轴载荷（简称 ZXD）作用于动力换挡传动系最终传动半轴上，载荷循环 10^4 次，达到循环次数后载荷组件停止运行。由于载荷组件采用 Access 数据库的形式，数据库访问采用 ADO 访问技术。因此，需要将访问结果保存为 XML 文件，文件名为动力换挡传动系 Loading. xml。该部分试验流程编辑如下：

```
<! -- 载荷组件初始化与开始 -->
<xs: element name = " Initialize" type = " xs: string" />
  <xs: element name = " Loading" type = " xs: string" />
<xs: element name = " Start" type = " xs: string" />
  <xs: element name = " Loading" type = " xs: string" />
<! -- 载荷组件加载 -->
<xs: element name = " Load" type = " xs: float" >
  <xs: element name = " Loading" type = " xs: string" />
    <! --综合工况动力换挡传动系最终传动半轴载荷 -->
    <xs: attribute name = " ZXW" type = " xs: float" >
      <xs: element name = " Cycle" type = " xs: float" >
        <xs: attribute name = " Number" type = " xs: float" >
        <xs: restriction base = " xs: integer" >
          <xs: maxInclusive value = " 10 000" />
        <xs: restriction/>
<! --载荷组件停止-->
<xs: element name = " Stop" type = " xs: string" />
```

8.1.4 试验管理组件数据管理

版本控制系统（简称 VCS）是一种文件动态管理软件，存储记录动力换挡传动系虚拟试验系统中所有组件的模型及发布订阅信息，实时更新组件对象属性及交互参数。VCS 根据虚拟试验参与组件情况，建立多个组件模型文件夹和组件发布/订阅信息文件夹，在试验过程中，对文件夹实行动态管理。数据库能够提供数据的读取、搜索、查看等数据管理基本操作，数据库和 VCS 的结合，既满足了虚拟试验系统数据管理的需求，又不影响虚拟试验系统运行效率。基于数据库和 VCS 的试验管理组件数据管理原理如图 8 - 6 所示。

在图 8 - 6 中，VCS 对动力换挡传动系虚拟试验系统中其他组件模型及发布订阅消息进行文件夹形式的管理，包括组件名称、版本号、组件对象属性及交互参数。其中，版本号以虚拟试验进行的时间进行标记，VCS 不直接与虚拟试验系统发生数据交互。与载荷组件数据库数据交互方式类似，数据管理数据库也采用 ADO 接口实现与虚拟试验系统的连接。数据库存储的是 VCS 中各类文件夹的存储路径。

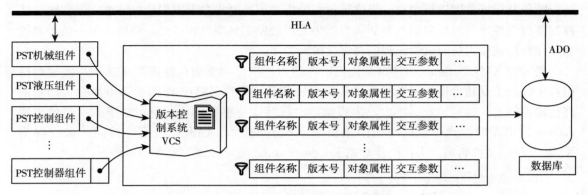

图 8-6　试验管理组件数据管理原理

　　试验管理组件数据库包括系统信息表（system_info）、试验信息表（test_info）、试验参数表（test_para）及试验结果数据表（test_data）。系统信息表存储虚拟试验系统中包括的所有组件信息，试验信息表存储试验信息，试验参数表存储组件发布/订阅信息，试验结果数据表存储试验结果数据的路径。将以上 4 张表抽象为 4 个实体，表中内容抽象为实体属性，表之间的关系抽象为联系，采用实体—联系图（E-R 图）对数据库的逻辑结构进行描述，在 E-R 图和信息表的基础上设计数据库，数据库 E-R 图如图 8-7所示。

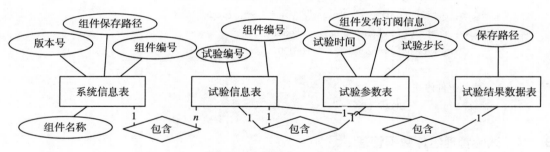

图 8-7　数据库 E-R 图

　　在图 8-7 中，系统信息表中内容包括组件编号（component_id）、组件名称（component_name）、版本号（version_id）及组件保存路径（component_path）。试验信息表中内容包括试验编号（test_id）、试验时间（test_time）及参与试验组件编号（component_id）。试验参数表中内容包括组件发布订阅信息（component_p/s_info）及试验步长（test_step）。试验结果数据表中内容包括试验结果保存路径（data_path）。系统信息表包含了试验信息表，二者通过组件编号字段进行联系，对应关系为 1:n。试验信息表与试验参数表、试验结果数据表对应关系为 1:1。

　　数据库中对组件保存路径及试验结果保存路径进行了存储，这些数据存放在版本控制系统中。版本控制系统采用 SVN 软件，对动力换挡传动系机械组件中 Adams 模型、动力换挡传动系液压组件中的 AMESim 模型、动力换挡传动系控制组件中的 Simulink 模型及存储在各组件软件 workspace 中的试验结果数据进行文件夹形式的动态管理。

8.2 试验管理 UML 建模

试验管理组件是试验人员参与试验进程的平台，是动力换挡传动系虚拟试验系统核心组件。在分析试验管理组件运行原理的基础上，利用 UML 统一建模语言建立试验管理组件静态类图和动态活动图，进而设计试验管理组件，建立试验人员操控试验进程的平台，实现试验管理组件的既定功能。

8.2.1 试验管理组件静态类图

试验管理组件静态类图描述了试验管理组件内部功能及不同功能之间的关系，为组件开发提供需求分析及代码框架构建等基础工作。利用 UML 类图描述试验管理组件，通过一种图形模型，分析组件中类图基本功能及类图之间逻辑关系，试验管理组件静态类图如图8-8 所示。

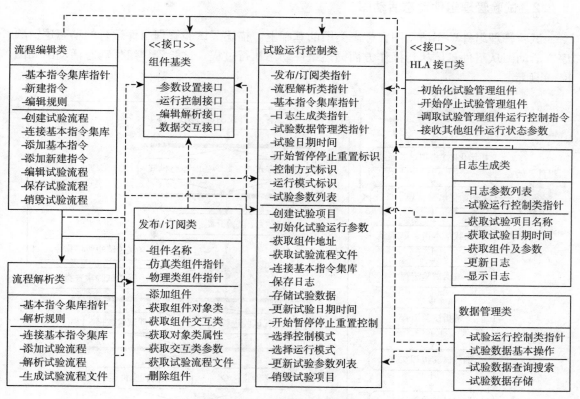

图 8-8　试验管理组件静态类图

在图 8-8 中，组件基类为构造型，名称为接口，基类的操作描述了其他所有类的 4 项基本功能：参数设置、运行控制、编辑解析和数据交互。流程编辑类用于添加试验基本指令和新建指令，编辑试验流程 XML 文件，对试验流程进行保存或销毁。流程解析类对试验流程 XML 文件和基本指令集库加载和解析，生成试验流程文件。发布/订阅类用于添加或删除动力换挡传动系虚拟试验系统其他组件，获取组件的对象类及其属性，获取组件的交互类及其参数，对试验管理组件的组件信息进行发布。HLA 接口类用于试验管理组件连接至 HLA 体系，与仿真组件 HLA 封装类似，通过 5 个标准化函数实现。日志生成类用于试验日志信息（项目名称、日期时间等）的生成、更新与显示。数据管理类对试验数据进行存储、查询、搜索等操作。试验运行控制类基于以上类，负责虚拟试验过程的运行控制，创建或销毁新的试验项目、通过试验流程文件制定试验方案、试验控制模式和运行模式的选择、获取本地系统日期和时间、更新试验参数列表、负责试验开始、暂停、停止、重置等指令的控制。

　　流程编辑类与流程解析类的关系为单向关联；流程解析类与发布/订阅类的关系为单向关联；组件基类为其他类提供操作，与其他类的关系为实现；试验运行控制类的变化影响其他类的信息，且为其他类提供信息。因此，试验运行控制类与其他类的关系为依赖，试验运行控制类是信息提供者。

8.2.2　试验管理组件动态活动图

　　试验管理组件动态活动图在静态类图的基础上，描述了试验管理组件运行的动态逻辑顺序。活动图从组件具体执行操作方面描述组件动态执行过程，试验管理组件动态活动图如图 8-9 所示。

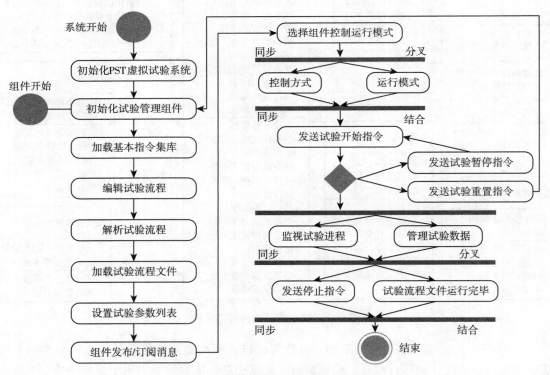

图 8-9　试验管理组件动态活动图

　　图 8-9 显示了试验管理组件从初始化至结束过程中组件运行的动态模型。动力换挡传

动系虚拟试验系统初始化后，HLA 与 DDS 软件准备完成，试验管理组件进行初始化；组件在流程编辑功能中加载基本指令集库，编辑试验流程，生成试验流程 XML 文件；流程解析功能中加载 XML 文件，生成试验流程文件；组件加载试验流程文件，设置试验参数列表，形成具体的试验方案；组件对方案中涉及的消息进行发布/订阅，完成试验运行前的最后准备；选择组件控制方式和运行模式，发送试验开始指令，启动试验运行；试验按照试验流程文件有序进行，试验过程中监测组件发送的暂停、重置或停止指令，管理试验数据；暂停指令发送后，组件暂停运行，等待开始指令；重置指令发送后，组件执行初始化指令，重新布置试验；当停止指令发送后或试验流程文件执行完毕后，组件活动结束，停止运行。

8.2.3 试验管理组件界面

依据试验管理组件静态类图和动态活动图，开发了试验管理组件，实现了组件方便友好的操作界面，组件主界面如图 8-10 所示。

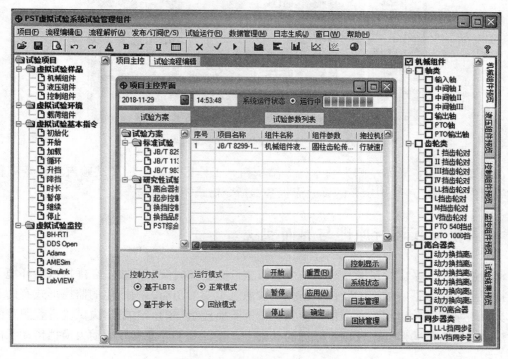

图 8-10 试验管理组件主界面

在图 8-10 中，动力换挡传动系虚拟试验系统试验管理组件菜单栏主要为组件静态类图中的类，涵盖了动力换挡传动系虚拟试验的各个阶段。工具栏为试验过程中常用工具集合，试验操作人员可以添加自己常用工具。软件左侧为试验项目结构树，包括虚拟试验样品构成组件、虚拟试验环境、虚拟试验基本指令集库和虚拟试验监控。其中，虚拟试验监控中可以选择目标商用软件查看试验过程和结果。软件右侧为虚拟试验样品构成组件结构树，结构树与各组件对象类相对应。

软件中间可显示项目主控界面与试验流程编辑界面。其中，试验流程编辑对应 XML 编辑器，项目主控界面第1栏显示试验日期时间和试验运行状态。中间栏左侧为试验方案结构树，包括标准试验和研究性试验；中间栏右侧为试验参数列表，显示试验人员对试验参数的设置。第3栏为试验运行控制，包括试验控制方式和运行模式，试验的开始、暂停、停止、重置等。其中，控制显示对应系统监控组件，日志管理和回放管理分别对应各自显示界面。

软件菜单栏中"项目"下拉菜单中包含自定义试验流程指令命令，可打开试验流程基本指令集库和自定义试验流程指令窗口，如图8-11所示。

图8-11　试验流程基本指令编辑界面

在图8-11中，界面左侧为基本指令结构树，工作区显示自定义试验流程指令编辑界面，编辑内容与图8-3中定义的试验流程基本指令格式相对应。

8.3 人机交互运行原理与界面实现

动力换挡传动系虚拟试验系统是一个分布式的数据实时交互系统，在虚拟试验环境下系统运行产生大量数据，数据的监控是虚拟试验系统重要的功能。图形化的监控形式有助于试验人员及时掌握试验进程，对虚拟试验系统中试验监控组件的研究是解决试验进程跟踪的有效方法。在分析试验监控组件运行原理的基础上，设计开发界面友好的动力换挡传动系虚拟试验监控平台。

8.3.1 试验监控组件运行原理

动力换挡传动系虚拟试验系统试验监控组件主要起试验进程监视及简化试验控制的作用，其试验控制功能与试验管理组件关联，在试验监控组件中设置试验开始、暂停及停止等操作，与在试验管理组件中操作具有相同的效果和相同的功能。

动力换挡传动系虚拟试验系统试验监控组件通过软件接口与系统连接，根据试验监控需求，选择性订阅其他组件发布的消息进行实时显示，试验人员根据显示内容，监视试验进程。对试验进程中出现的突发状况，可进行开始、暂停及停止等操作。试验监控组件显示内容包括系统状态、试验设置参数及试验动态参数变化过程等，显示形式包括图形、数字及文字等，组件运行原理如图8-12所示。

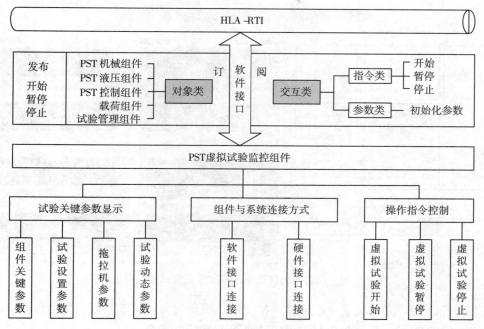

图8-12 试验监控组件运行原理

在图8-12中，试验监控组件名称为Monitor，其SOM对象类包括动力换挡传动系机械组件、动力换挡传动系液压组件、动力换挡传动系控制组件、载荷组件和试验管理组件，订阅不同的对象类，监视对应的试验参数。Monitor的SOM交互类包括指令类和参数类，指令类的子类包括虚拟试验开始、暂停及停止，参数类指虚拟试验设定的拖拉机参数及虚拟试验条件参数，Monitor订阅不同的交互类，监视对应的试验进程。Monitor发布的消息为开始、暂停及停止等试验控制指令。

动力换挡传动系虚拟试验系统试验监控组件是虚拟试验现场的监控平台，动态显示的试验关键参数包括组件关键参数、试验设置参数、拖拉机参数及试验动态参数。组件关键参数指试验监控组件订阅的其他组件的参数。试验设置参数指试验过程中液压系统油温、油压、环境温度、试验时长等参数。拖拉机参数指虚拟试验过程中涉及的拖拉机其他参数，例如，拖拉机质量、行驶速度、驱动形式及发动机标定转矩等。试验动态参数指试验过程中产生的参数，例如，换向离合器转速/转矩、换挡离合器转速/转矩等。

试验监控组件与虚拟试验系统的连接方式有软件接口和硬件接口连接2种，软件接口连接指组件与HLA体系通过5个标准化函数连接，硬件接口连接指组件与DDS体系通过采集卡和以太网连接。

8.3.2　基于LabVIEW的试验监控组件设计

为了方便试验人员自定义试验监控界面，采用图形化、模块化的商用设计软件Lab-

VIEW 开发了试验监控组件如图 8-13 所示。试验人员可以根据试验特殊要求，在平台添加其他显示功能模块。

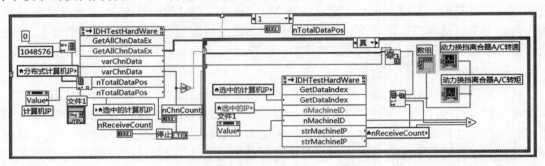

图 8-13　动力换挡传动系虚拟试验系统试验监控组件

在图 8-13 中，采用文字、数字、虚拟仪表、图形等方式显示了动力换挡传动系虚拟试验中通用的关键参数，为试验人员提供了清晰、友好的监控界面。

为了能够实时显示试验过程中关键参数，二次开发了试验监控组件从其他组件 workspace 获取动态参数的 LabVIEW 程序，图 8-14 为试验监控组件从动力换挡传动系机械组件中获取的换挡离合器 A/C 转速/转矩参数的程序。

图 8-14　换挡离合器 A/C 转速/转矩参数获取程序

在图 8-14 中，试验监控组件根据动力换挡传动系机械组件存储的计算机 IP，检索到 Adams 软件 workspace 中换挡离合器 A/C 转速/转矩的保存文件，将文件中数据转换为数组的形式进行显示。

第**9**章　动力换挡传动系虚拟试验验证技术

建立试验验证载荷环境，为虚拟试验提供载荷边界条件。从虚拟试验数据中挖掘关键参数，对数据的有效性进行检验，通过 PST 产品性能虚实验证评估虚拟试验的有效性。

对动力换挡传动系虚拟试验系统进行试验验证需要建立试验验证载荷环境为虚拟试验提供载荷边界条件。评估虚拟试验的有效性需要根据动力换挡传动系产品性能实验和虚拟试验数据中有效的关键参数进行比较。

9.1 虚拟试验环境构建

9.1.1 田间实验载荷获取

田间实验是获取载荷的最有效方式，利用东方红某型号拖拉机进行了犁耕、旋耕和驱动耙 3 种作业田间实验，通过布置传感器、开发数据采集器及上位机软件，获取了拖拉机机组作业时的动力换挡传动系输出轴转矩，拖拉机田间实验条件及作业参数如表 9-1 所示。

表 9-1　田间实验条件及作业参数

试验工况	农机具型号	含水率（%）		耕宽（m）		耕深（mm）		平均耕速（km/h）	
		沙土	黏土	沙土	黏土	沙土	黏土	沙土	黏土
犁耕	RABE140M	13.6	42.3	1.4	1.4	350	300	2.6	2.3
旋耕	EL282	13.6	42.3	4	4	240	220	4.5	4.9
驱动耙	HR4 504D	11.6	42.8	4.5	4.5	156	136	4.8	5.3

对实测的拖拉机动力换挡传动系输出轴转矩进行降噪预处理、统计特性分析和载荷频次外推与合成，得到典型单工况、综合多工况下动力换挡传动系输出轴转矩，为试验验证提供载荷环境。

9.1.2 经济模态分解软阈值载荷降噪

拖拉机动力换挡传动系输出轴转矩载荷在实测过程中会不可避免地受到噪声污染，因此，在利用数据之前需要对数据进行降噪预处理。经验模态分解（Empirical Mode Decomposition，简称 EMD）可从时域和频域两方面对载荷进行分解，得到频率不同的固有模态函数（Intrinsic Mode Function，简称 IMF）。利用相关系数辨别噪声主导 IMF 分量和信号主导 IMF 分量，对噪声主导 IMF 分量软阈值降噪，降噪后分量与信号主导 IMF 分量叠加，得到降噪后载荷信号。

以实测的旋耕和驱动耙作业时的 PTO 轴转矩降噪为例，研究基于 EMD 软阈值的载荷降噪方法。实测的 PTO 轴转矩载荷记为 $S(t)$，对其进行 EMD 软阈值降噪步骤如下：

①获取 $S(t)$ 均值包络线，记为 $a_1(t)$：

$$a_1(t) = [m_+(t) + m_-(t)]/2 \qquad (9-1)$$

式中，$a_1(t)$ 为 $S(t)$ 均值包络线；$m_+(t)$ 为极大值包络线，$m_-(t)$ 为极小值包络线，二者均采用 3 次样条拟合。

②获取 $S(t)$ 一阶 IMF 分量，记为 $C_1(t)$：

$$C_1(t) = h_{k1}(t) = S(t) - a_k(t) \qquad (9-2)$$

式中，k 为步骤①、②循环次数。

循环截止条件为 $h_{k1}(t)$ 满足以下 2 个定义条件：

ⅰ）整个数据序列中 IMF 函数过零点数和极值点数相等或至多相差 1；

ⅱ）任意时刻 $m_+(t)$ 和 $m_-(t)$ 关于时间轴对称。

③获取 $S(t)$ 其他阶 IMF 分量，记为 $C_m(t)$：

$$r_1(t) = S(t) - C_1(t) \qquad (9-3)$$

对 $r_1(t)$ 重复步骤①、②，得到 $S(t)$ 的 2 阶 IMF 分量 $C_2(t)$。循环 n 次，得到 n 个 IMF 分量 $C_m(t)$ 和 1 个残余量 $r_{n+1}(t)$，循环截止条件为：$r_{n+1}(t)$ 为单调函数。$S(t)$ 记为：

$$S(t) = \sum_{m=1}^{n} c_m(t) + r_{n+1}(t) \qquad (9-4)$$

按照以上步骤，对 PTO 轴转矩进行 EMD 分解，得到 7 个 IMF 分量和 1 个残余量，分解结果如图 9-1 所示。

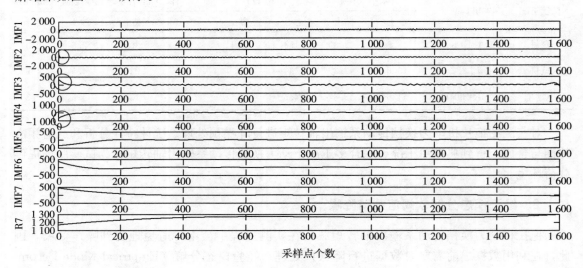

图 9-1　PTO 轴转矩 EMD 分解分量

在图 9-1 中，PTO 轴转矩分解分量 IMF1～IMF7 依次为高频到低频，其中，IMF2、IMF3 及 IMF4 分量在端点处数据发生发散（标注部分），出现虚假数据，EMD 分解过程存在端点效应。

采用边界局部特征尺度延拓算法对端点效应进行抑制，$S(t)$ 左端延拓的极大值位置与幅值搜寻方法如下：

$S(t)$ 左端第 i 个极大值记为 $l\max_i$，该极大值对应的序列点记为 find$(l\max_i)$：

$$L = (l\max_4 - l\max_1)/3 \qquad (9-5)$$

$S(t)$ 左端延拓极大值的序列点为：

$$\text{find}(L\max) = \text{find}(l\max_1) - \text{find}(L) \qquad (9-6)$$

$S(t)$ 左端延拓极大值为：

$$L\max = \sum_{i=1}^{3} l\max_i/3 \qquad (9-7)$$

采用类似的方法得到左端延拓的极小值、右端延拓的极大值、极小值的位置与幅值，循环步骤①～③，得到 PTO 轴转矩 EMD 分解结果，如图 9-2 所示。

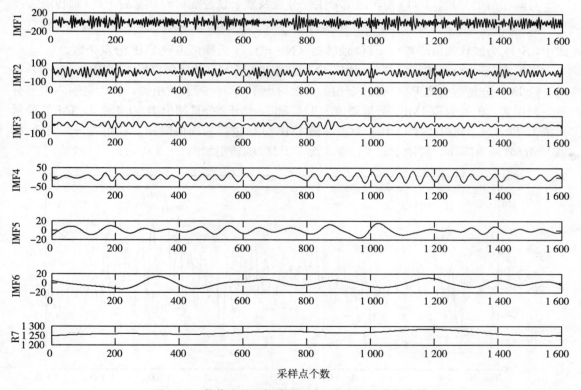

采样点个数

图 9-2　载荷边界局部特征尺度延拓 EMD 分解分量

在图 9-2 中，PTO 轴转矩分解得到 6 个 IMF 分量和 1 个残余量，与图 9-1 相比，分解得到的 IMF 数量减少，IMF2、IMF3 及 IMF4 中端点效应明显改善。

利用 IMF 分量 $C_m(t)$ 与 $S(t)$ 相关系数辨别噪声主导 IMF 分量与 PTO 轴转矩信号主导 IMF 分量。相关系数定义为：

$$\gamma = \frac{\sum_{t=1}^{M}[S(t)-\overline{S}][C_m(t)-\overline{C_m}]}{\sqrt{\sum_{t=1}^{M}[S(t)-\overline{S}]^2}\sqrt{\sum_{t=1}^{N}[C_m(t)-\overline{C_m}]^2}} \tag{9-8}$$

式中，N 为 PTO 轴转矩总序列点数；$\overline{S(t)}$，$\overline{C_m(t)}$ 分别为转矩 $S(t)$，$C_m(t)$ 的均值（N·m）。

计算噪声主导 IMF 分量降噪阈值，阈值定义为：

$$\tau_m = median\{|C_m(t)-median\{C_m(t)\}|\}\sqrt{2\ln M}/0.6745 \tag{9-9}$$

式中，τ_m 为 $C_m(t)$ 阈值；$median(\cdot)$ 为中值函数；M 为 $S(t)$ 时间长度。

EMD 软阈值降噪后转矩载荷表达式为：

$$\dot{C}_m(t) = \begin{cases} Sgn[C_m(t)][|C_m(t)|-\tau_m] & |C_m(t)| \geqslant \tau_m \\ 0 & |C_m(t)| < \tau_m \end{cases} \tag{9-10}$$

式中，$\dot{C}_m(t)$ 为 $C_m(t)$ 降噪后的分量；$Sgn(\cdot)$ 为符号函数。

对降噪后的分量、PTO 轴转矩信号主导分量及残余量叠加得到降噪后 PTO 轴转矩为：

$$\dot{S}(t) = \sum_{m=1}^{j}\dot{C}_m(t) + \sum_{m=j+1}^{n}C_m(t) + r_{n+1}(t) \tag{9-11}$$

式中，$\dot{S}(t)$ 为经软阈值降噪后 PTO 轴转矩（N·m）；j 为噪声主导 IMF 分量个数。

根据式（9-8）～式（9-11）对 PTO 轴转矩进行 EMD 软阈值降噪。利用式（9-8）得前 3 阶 IMF 分量与实测 PTO 轴转矩相关系数均小于 0.3，属于微相关，认为是噪声主导分量。利用式（9-9）得 IMF1 分量阈值为 115.588，IMF2 分量阈值为 50.450 7，IMF3 分量阈值为 29.696。利用式（9-10）对前 3 阶 IMF 分量进行软阈值降噪，利用式（9-11）得到 EMD 软阈值降噪后的沙土旋耕作业工况下 PTO 轴转矩如图 9-3 所示。

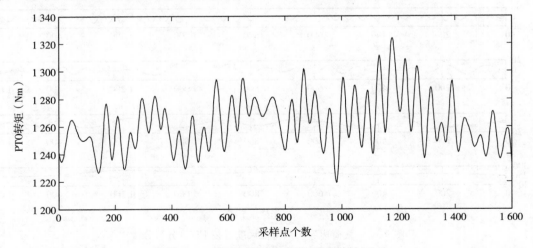

图 9-3　EMD 软阈值降噪 PTO 轴转矩

9.1.3　载荷统计特性分析

将 EMD 软阈值降噪后的沙土旋耕作业（工况 a）、沙土驱动耙作业（工况 b）、黏土旋耕作业（工况 c）和黏土驱动耙作业（工况 d）4 种工况 PTO 轴转矩作为样本分别进行统计特性分析，分析结果见表 9-2 所示。

表 9-2　4 种工况转矩统计特性值

工况	最大值 （N·m）	最小值 （N·m）	均值 （N·m）	标准差 （N·m）	方差 （N·m）²
a	1 462.3	1 082.5	1 261.2	66.2	4 381.2
b	1 484	803	1 081.6	108.4	11 755
c	1 621.7	1 118.7	1 347.9	82.2	6 764.2
d	1 579.9	816	1 173.4	119.2	14 209

采用四点循环计数运算逻辑对 4 种工况载荷进行均值、幅值双参数雨流计数，从静强度和动强度两方面对载荷进行频次统计，计数结果如图 9-4 所示。

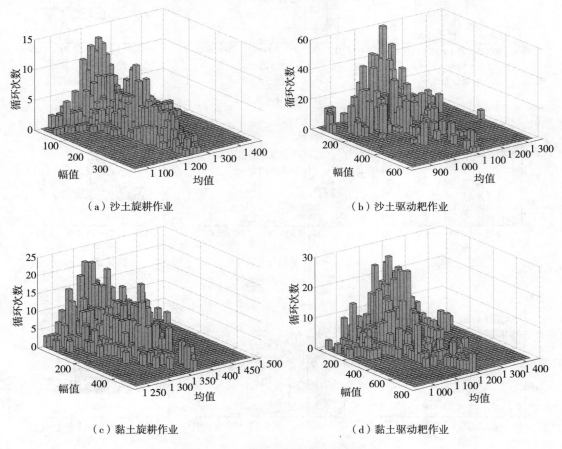

（a）沙土旋耕作业　　　　　　　　　（b）沙土驱动耙作业

（c）黏土旋耕作业　　　　　　　　　（d）黏土驱动耙作业

图 9-4　4 种工况数据雨流计数结果

利用散点矩阵统计对载荷均值、幅值相关性进行检验，在 95% 置信度下雨流计数得到的均值、幅值相关性检验结果如图 9-5 所示。

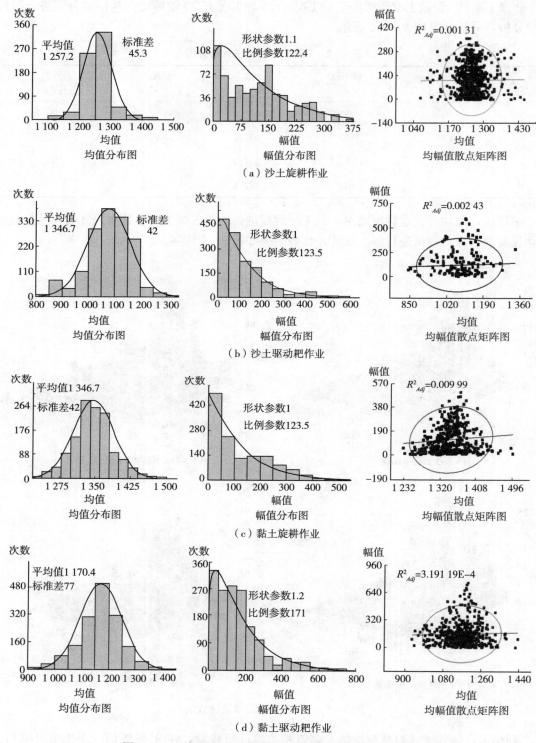

图 9-5　4 种工况 PTO 轴转矩均值幅值散点矩阵统计图

在图 9-5 中，置信椭圆内的点分散分布在拟合线周围，校正决定系数 R_{Adj}^2 最大值为 0.009 99，越接近 0，说明载荷均值、幅值相互独立。

PTO 轴材料主要为 20CrMnTi 钢，在 50% 存活率下，该类材料连杆的 $S-N$ 曲线函数表达式为：

$$lgN = 11.28 - 0.016S \tag{9-12}$$

式中，N 为失效循环次数；S 为应力幅值（MPa）。

将 PTO 轴简化为等截面直杆，在转矩作用下，只受到切应力，转矩与切应力关系表达式为：

$$\tau = \frac{16T_s}{\pi D^3} \tag{9-13}$$

式中，τ 为切应力（Pa）；T_s 为实测转矩（N·m）；D 为等截面直杆直径（m），PTO 轴直径为 35mm。

根据 Miner 法则对 20CrMnTi 钢 $S-N$ 曲线进行切应力均值修正，得到对称切应力循环下的 $S-N$ 曲线。根据等损伤原则，得到切应力均值与切应力幅值的关系表达式为：

$$S_i = \sigma_b S_{ai} / (\sigma_b - |S_{mi}|) \tag{9-14}$$

式中，S_i 为等效零均值应力幅值（MPa）；σ_b 为拉伸强度极限，取值为 663MPa；S_{ai} 为第 i 个切应力幅值（MPa）；S_{mi} 为第 i 个切应力均值（MPa）。

相关文献指出雨流计数法得到的均值服从正态分布，幅值服从威布尔分布，将转矩幅值和均值代入式（9-13）、式（9-14）可得到等效零均值应力幅值，计算结果代入式（9-12）得到对数疲劳寿命。

利用材料疲劳性能测试中确定最小样本容量的方法，对 PTO 轴转矩载荷的最小样本容量进行计算，计算式为：

$$\frac{\delta}{t_\gamma \sqrt{\frac{1}{n} + u_p^2(\hat{k}^2 - 1)} - \delta u_p \hat{k}} \geqslant \frac{s_x}{\bar{x}} \tag{9-15}$$

式中，δ 为误差限度；$\hat{k}$ 为标准差修正系数；t_γ 为 t 分布；s_x 为对数疲劳寿命标准差；$\bar{x}$ 为对数疲劳寿命平均值；u_p 为与存活量相关的标准正态偏量，n 为最小样本容量。

取损伤概率为 50%、误差极限为 5%、置信水平为 95%、u_p 为 0，得到 4 种工况下转矩载荷最小样本容量均为 3，得到了与母体统计特性一致的转矩样本。

9.1.4 载荷频次外推与合成

与母体统计特性一致的样本只代表田间实验 PTO 轴转矩特性，不能完全体现 PTO 轴全生命周期载荷特性。对 PTO 轴转矩样本进行时域外推，得到 PTO 轴全生命周期的载荷。载荷时域外推方法为：①提取 PTO 轴转矩样本中峰谷值点；②确定峰谷值阈值，抽取大于峰值阈值的峰值 U 和小于谷值阈值的谷值 G 及各自位置；③分析 U 和 G 的分布类型；

峰值阈值分别设定为 1 380N·m、1 400N·m、1 420N·m、1 440N·m，峰值 U 满足对数正态分布，其对数正态概率图如图 9-6 所示。

在图 9-6 中，阈值为 1 400N·m 时，拟合效果最好，峰值 U 概率密度为：

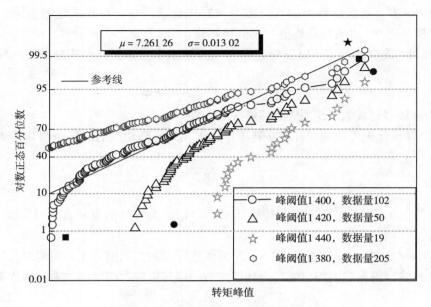

图 9-6　转矩峰值对数正态概率图

$$f(u) = \frac{1}{0.013\,02u\,\sqrt{2\pi}}e^{-\frac{(\ln u - 7.261\,26)^2}{0.000\,34}} \qquad (9-16)$$

谷值阈值分别设定为 1 120N·m、1 140N·m、1 160N·m、1 180N·m，谷值 G 满足威布尔分布，阈值为 1 160N·m 时，拟合效果最好，形状参数为 76.4，比例参数为 1 144，谷值 G 概率密度为：

$$f(g) = 0.066\,78\left(\frac{g}{1\,144}\right)^{75.4}e^{-(g/1\,144)^{76.4}} \qquad (9-17)$$

④利用式（9-16）、式（9-17），生成随机数，替代原位置的 U 和 G，产生新的 PTO 轴转矩序列；⑤重复步骤④，重复次数等于外推因子 K 为止；⑥衔接 K 个 PTO 轴转矩序列，得到外推因子分别为 60、120、180、240 的 PTO 轴转矩信号，其等效零均值应力幅值累计频次如图 9-7 所示。

在图 9-7 中，外推因子为 240 时，累计频次达到 10^6，最大等效零均值应力幅值为 387.4 MPa，对应 PTO 轴转矩值为 3 260N·m。按照配套发动机转矩储备系数 1.05 计算，得到发动机传递至 PTO 轴最大转矩值为 2 952N·m。因此，将外推因子为 240 的外推转矩限定在 2 952N·m 以下，对应转矩等效零均值应力幅值为 350.8 MPa。

对外推得到的 4 种工况 PTO 轴转矩均值、幅值双参数雨流计数，计数结果如图 9-8 所示。

根据 4 种工况在实际农业生产中所占时间比例，设置各作业加权系数均为 0.25，得到 PTO 轴综合工况载荷，不同作业工况下 PTO 轴转矩频次累积如图 9-9 所示。

在图 9-9 中，黏土驱动耙作业中 PTO 轴转矩较大，对 PTO 轴综合工况转矩影响最大。采用上述相同的方法，可以得到拖拉机犁耕、旋耕和驱动耙 3 种作业中动力换挡传动系输出轴综合工况转矩。最终得到犁耕、旋耕和驱动耙典型单工况、综合多工况下动力换挡传动系输出轴转矩。

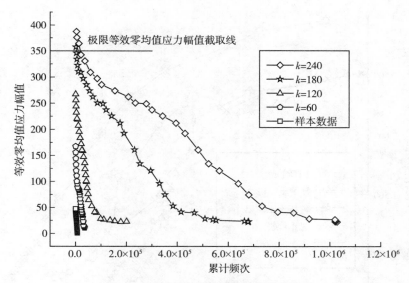

图 9-7 不同外推因子载荷频次外推曲线

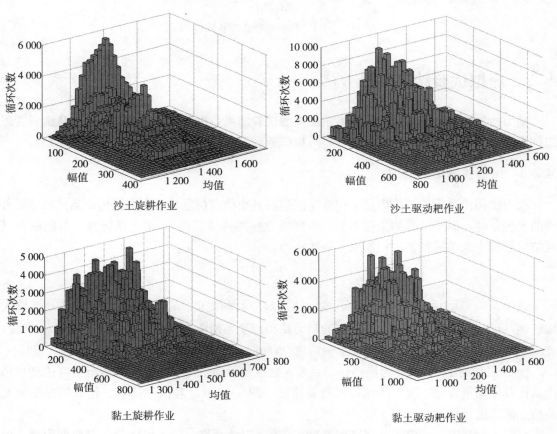

图 9-8 4种工况外推后 PTO 轴转矩雨流计数结果

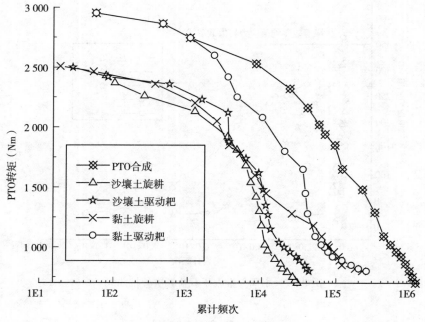

图 9-9　PTO轴转矩频次累积曲线图

9.2 虚拟试验结果评价方法

动力换挡传动系虚拟试验系统可采用离线试验结果数据分析与处理的方法，从试验管理组件中搜索数据，提取试验关键参数，分析试验数据置信度，评价试验结果有效性。

9.2.1 试验关键参数提取

动力换挡传动系的挡位信息、作业工况信息及换挡点信息是动力换挡传动系试验结果分析的前提条件，属于试验的关键参数，根据动力换挡传动系输入/输出轴转速，对隐藏在试验结果数据中的关键参数进行提取，表达式为：

$$i = \frac{n_{\text{in}}(t)}{n_{\text{out}}^{k}(t)} \tag{9-18}$$

式中，i 为动力换挡传动系输入/输出转速对应时刻比值；$n_{\text{in}}(t)$ 为动力换挡传动系输入轴转速（r/min）；当 $k=1$ 时，$n_{\text{out}}^{k}(t)$ 为动力换挡传动系前驱动轴转速（r/min）；当 $k=2$ 时，$n_{\text{out}}^{k}(t)$ 为动力换挡传动系最终传动半轴转速（r/min）。

根据 i 的数值，对照动力换挡传动系输入轴至前驱动轴传动比、输入轴至最终传动半轴传动比及发动机标定工况下的拖拉机行驶速度（图 9-10），对挡位信息、作业工况信息及换挡点信息进行提取。

在图 9-10 中，挡位 1-1 对应 Lo-LL-Ⅰ，以此类推。以虚拟试验结果数据为例，说明关键参数提取过程。从试验管理组件中搜索得到动力换挡传动系输入轴转速和对应时刻的最终传动半轴转速，得到 i 值，如图 9-11 所示。

在图 9-11 中，由于试验中存在动力换向，动力换向时，动力换挡传动系最终传动半轴转速在某时刻会降为零，此时，输入轴转速与输出轴转速比值为无穷大。因此，采用 i^{-1} 作为应变量作图。0~1s 时间内，i 值为 40.55，为正数，与图 9-10 中数据对比得当前挡位为前进挡 1-4；1~4.5s 时间内，i 值由正变负动态变化，说明此时间段内动力换挡传动系在执行前进变为倒挡的动力换向动作，在 4.5s 时刻完成动力换向，换向时间为 3.5s，i 值为 -33.6，当前挡位为倒挡 1-4；5.5~9s 时间内，i 值由负变正动态变化，说明动力换挡传动系在执行倒挡变为前进的动力换向动作，在 9s 时刻完成动力换向，换向时间为 3.5s，i 值为 40.55，当前挡位为前进挡 1-4；10~10.3s 时间内，i 值由 40.55 变为 34.34，说明动力换挡传动系在执行动力换挡升挡操作，在 10.3s 时刻完成动力换挡，换挡时间为 0.3s，当前挡位为前进挡 1-5。

9.2.2　基于一致性检验的试验数据有效性评估

采用虚拟试验结果数据与物理试验数据进行一致性检验，根据检验结果对虚拟试验结果数据有效性进行评估，为动力换挡传动系及拖拉机新产品设计提供决策依据。动力换挡传动系多工况试验中产生的数据大部分为时间序列的平稳随机数据，在时域上不具有直接可比性，但结果数据在频域和统计特性上与时间无关。因此，采用灰度关联法和经验模态分解法作为一致性检验方法，对虚拟试验结果数据的有效性进行评估。

9.2.2.1　灰度关联法

对虚拟试验产生数据和物理试验数据的时间序列进行统计特性分析，得到两组数据的最大值、最小值、均值、标准差及均方根值，构成两组数列 X_i 和 Y_i，表达式为：

$$X_i = [x_1, x_2, x_3, x_4, x_5] \tag{9-19}$$

$$Y_i = [y_1, y_2, y_3, y_4, y_5] \tag{9-20}$$

X_i 和 Y_i 关联度计算式为：

$$z_i = \frac{\mid x_i - y_i \mid_{\min} + \xi \mid x_i - y_i \mid_{\max}}{\mid x_i - y_i \mid + \xi \mid x_i - y_i \mid_{\max}} \tag{9-21}$$

式中，z_i 为每个特征参数的关联系数；ξ 为分辨系数，取值 0.5。

虚拟试验数据和物理试验数据的关联系数 z 为所有特征参数关联系数的平均数，计算式为：

$$z = \frac{1}{5} \sum_{i=1}^{5} z_i \tag{9-22}$$

当 $z \in (0.9, 1]$ 时，虚拟试验数据和物理试验数据关联度很大；当 $z \in (0.7, 0.9]$ 时，虚拟试验数据和物理试验数据关联度较大；当 $z \in (0.5, 0.7]$ 时，虚拟试验数据和物理试验数据关联度大；当 $z \in (0.3, 0.5]$ 时，虚拟试验数据和物理试验数据关联度小；当 $z \in [0, 0.3]$ 时，虚拟试验数据和物理试验数据关联度很小。

9.2.2.2　经验模态分解法

虚拟试验数据和物理试验数据经过经验模态分解后形成两组多阶的固有模态函数 IMF 和残余量。经验模态分解（Theil Inequality Coefficient，简称 TIC）法能够判断两列时间序

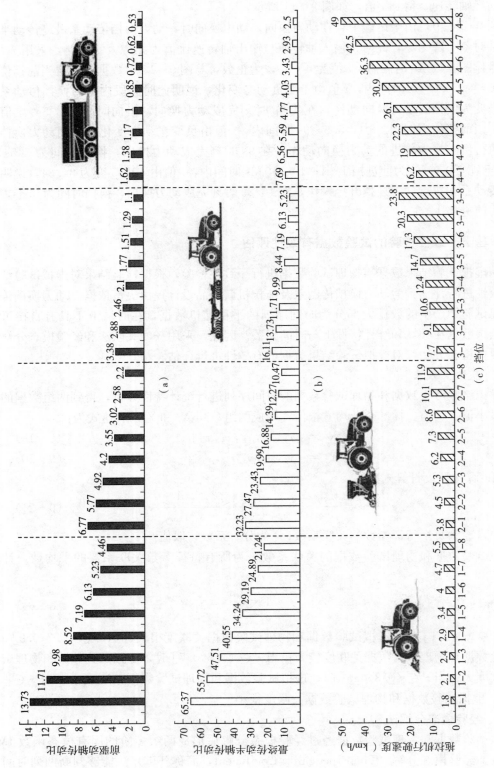

图 9-10 动力换挡传动系挡位与传动比及行驶速度的关系

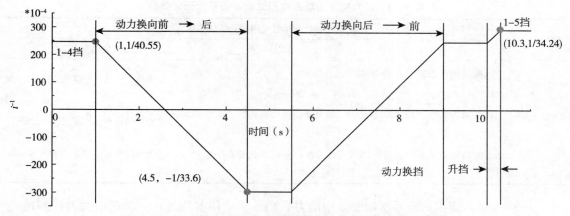

图 9-11　动力换挡传动系输入轴转速与最终传动半轴转速比值

列的差异程度，因此采用 TIC 法对两组 IMF 分量及残余量进行检验。由于物理试验数据容易受到高频噪声污染，物理试验数据分解得到的 IMF 数量可能会比虚拟试验数据分解得到的 IMF 数量多，因此两组 IMF 分量由低频向高频一一对应，计算 TIC 值，计算式为：

$$TIC_k = \frac{\sqrt{\dfrac{1}{N}\sum\limits_{i=1}^{N}(IMF_{xi}^{k} - IMF_{yi}^{k+F-M})^2}}{\sqrt{\dfrac{1}{N}\sum\limits_{i=1}^{N}(IMF_{xi}^{k})^2} + \sqrt{\dfrac{1}{N}\sum\limits_{i=1}^{N}(IMF_{yi}^{k+F-M})^2}} \tag{9-23}$$

式中，TIC_k 为虚拟试验数据第 k 阶 IMF 分量和物理试验数据第 $(k+F-M)$ 阶 IMF 分量的 TIC 值；N 为数据时间序列点数；IMF_{xi}^{k} 为虚拟试验数据分解得到的 IMF 第 k 阶 IMF 分量；IMF_{yi}^{k+F-M} 为物理试验数据分解得到的 IMF 第 $(k+F-M)$ 阶 IMF 分量；M 为虚拟试验数据分解得到 IMF 数量；F 为物理试验数据分解得到 IMF 数量，$M \leqslant F$。

对得到的 M 个 TIC 值求平均，得到虚拟试验数据和物理试验数据的 TIC 值。TIC 值越小，表明两组数据越具有一致性。因此，定义当 TIC 值小于 0.25 时，可认为虚拟试验数据与物理试验数据具有一致性。

灰度关联法使用方便，但对噪声比较敏感，经验模态分解法可以分解高频噪声信号，有降噪作用。因此，在对动力换挡传动系输出转速/转矩等容易受到噪声污染的数据有效性检验时，一般选用经验模态分解法。

9.3　系统桥接组件性能测试与分析

桥接组件是动力换挡传动系虚拟试验系统稳定运行的关键组件，为了分析验证桥接组件在动力换挡传动系虚拟试验系统运行中的功能有效性和性能稳定性，对桥接组件性能进行测试与分析。

根据试验验证侧重点不同，动力换挡传动系虚拟试验系统有 3 种型式的配置，系统不同配置具体参数见表 9-3。

表 9-3　动力换挡传动系虚拟试验系统不同配置参数

序号	动力换挡传动系虚拟试验系统参数		
	HLA 体系	DDS 体系	系统侧重点
1	动力换挡传动系机械组件等 6 个组件	无	动力换挡传动系性能仿真验证
2	动力换挡传动系机械组件等 6 个组件	动力换挡传动系控制器组件和桥接组件	动力换挡传动系模型半实物验证
3	动力换挡传动系控制组件等 3 个组件	动力换挡传动系试验台架组件和桥接组件	动力换挡传动系控制策略半实物验证

表 9-3 中，虚拟试验系统配置 3 中动力换挡传动系用实物替代，载荷由动力换挡传动系试验台架组件产生。因此，HLA 体系中不包括动力换挡传动系机械组件、动力换挡传动系液压组件和载荷组件。

通过设置测试条件，利用虚拟试验系统配置 3（图 9-12）对桥接组件的数据传输吞吐量和数据传输时延性能进行测试与分析。

图 9-12　动力换挡传动系虚拟试验系统（配置 3）
1. PC1　2. PC2　3. PC3　4. 动力换挡传动系试验台架数据采集控制器　5. 动力换挡传动系试验台架

在图 9-12 中，PC1 计算机运行 HLA 运行支撑环境 BH-RTI 软件和动力换挡传动系控制组件，PC2 计算机运行 HLA 运行支撑环境 BH-RTI 软件、试验管理组件和试验监控组件，PC3 计算机运行 DDS 运行支撑环境 Open DDS 软件、动力换挡传动系试验台架组件和桥接组件。动力换挡传动系试验台架数据采集控制器采集动力换挡传动系试验台架传感器信号和动力换挡传动系传感器信号，同时，可输出动力换挡传动系试验台架和动力换挡传动系换挡执行器控制信号。

桥接组件性能测试要求：动力换挡传动系控制组件与动力换挡传动系试验台架组件发布/

订阅的对象类实例、属性及交互类名称语意定义要一致；PC1、PC2、PC3 3 台分布式计算机组成的局域网内没有其他硬件的接入。

9.3.1 数据传输时延性能测试与分析

数据传输时延定义为 HLA 发送数据至 DDS 接收数据所经历的时间。为了对比不同数量对象属性对数据传输时延性能的影响，动力换挡传动系控制组件建立 1 个 20 路 PWM 控制模型，仿真 20 个对象属性。具体测试步骤如下：

①启动动力换挡传动系虚拟试验系统，系统初始化完成；

②动力换挡传动系控制组件运行 PWM Simulink 模型，输出 1 路电磁阀控制信号，传递至动力换挡传动系试验台架数据采集控制器，同时启动计时器，计为 T_1 时刻；

③动力换挡传动系试验台架数据采集控制器接收到控制信号后，发送反馈信号至动力换挡传动系控制组件；

④重复步骤②、③50 次，停止计时器，计为 T_2 时刻；

⑤得到 1 路电磁阀控制信号对应数据的时延为 $\left[\left(T_2-T_1\right)/100\right]$ s；

⑥重复步骤②～⑤，得到 2～20 路电磁阀控制信号对应数据的时延。

测得的数据传输时延结果如图 9－13 所示。

在图 9－13 中，随着传输数据量增大，时延增长，且时延增长幅度也增大，因为每次数据的传输都要经过桥接组件的映射转换。当数据量达到 4 000KB 时，时延为 9.1ms，满足系统要求的最大时延不能超过 10ms 的实时性要求。在有硬件设备参与的动力换挡传动系虚拟试验中，该数据传输时延性能是可以接受的。

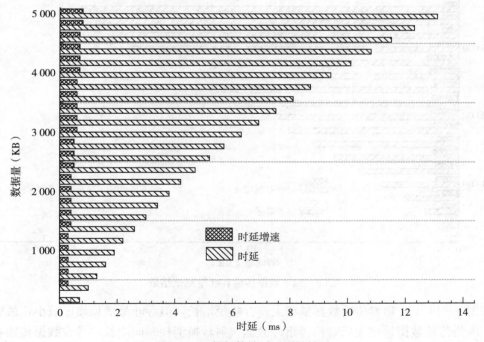

图 9－13 数据传输时延测试结果

9.3.2 数据传输吞吐量性能测试与分析

数据传输吞吐量定义为单位时间内 HLA 经桥接组件发送至 DDS 的数据量，为了测得桥接组件数据传输吞吐量最大值，利用数据传输时延性能测试场景对数据传输吞吐量性能进行测量。具体测试步骤如下：

①启动动力换挡传动系虚拟试验系统，系统初始化完成；

②动力换挡传动系控制组件运行 PWM 控制模型，输出 1 路电磁阀控制信号，传递至动力换挡传动系试验台架数据采集控制器，同时启动计时器，计为 T_1 时刻；

③动力换挡传动系控制组件以固定频率连续发送电磁阀控制信号，当动力换挡传动系试验台架数据采集控制器接收到的数据量达到 1M 时，动力换挡传动系控制组件停止发送控制信号数据，计时器 T_2；

④得到数据传输吞吐量为 $[1/（T_2-T_1）]$，单位为 MB/s；

⑤重复步骤②~④，得到 2~20 路电磁阀控制信号对应的数据传输吞吐量。如果数据传输吞吐量趋于平稳，停止测试；如果数据传输吞吐量仍呈上升趋势，则增加 PWM 控制模型，提高传输数据量，直至数据传输吞吐量趋于平稳。测得的数据传输吞吐量结果如图 9-14 所示。

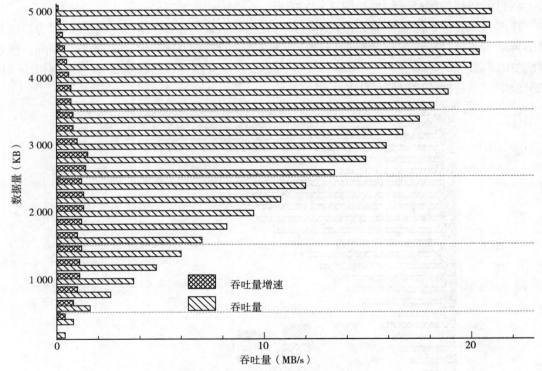

图 9-14　数据传输吞吐量测试结果

在图 9-14 中，随着传输数据量增大，吞吐量增长，但吞吐量增长幅度减小，最后趋于平缓，因为传输数据量增大后，桥接组件数据映射转换消耗时间增长，导致数据传输吞吐量在某一固定值附近波动。当数据量达到 4 000KB 时，数据传输吞吐量接近 20MB/s，能够承受有硬件设备参与的动力换挡传动系虚拟试验数据传输载荷。通过桥接组件性能的测试，同时验证了桥接组件能够实现 HLA 与 DDS 之间的数据交互，保障了动力换挡传动系虚拟试验系统的正常运行。

9.4 虚拟试验系统试验验证分析

动力换挡传动系电控单元性能、离合器接合规律、起步品质和换挡品质是动力换挡传动系重要性能，基于动力换挡传动系虚拟试验系统，通过对以上动力换挡传动系性能进行虚拟试验，与动力换挡传动系试验台架试验结果进行对比分析，验证动力换挡传动系虚拟试验系统的有效性。

9.4.1 电控单元虚拟试验分析

电控单元是动力换挡传动系产品的核心，接收拖拉机状态参数信号和驾驶员意图信号，存储动力换挡传动系换挡算法，发送执行器控制信号是电控单元的主要功能。电控单元的硬件和软件质量对动力换挡传动系性能均有重要影响。因此，利用动力换挡传动系虚拟试验系统配置 2（图 9-15 所示）对电控单元进行虚拟试验，验证电控单元能否按照换挡参数做出正确的换挡判断，输出控制信号。

图 9-15 动力换挡传动系虚拟试验系统（配置 2）
1. PC1　2. PC2　3. PC3　4. 快速开发原型设备　5. 动力换挡传动系控制器　6. CAN 转换器

在图 9-15 中，PC1 计算机运行 HLA 运行支撑环境 BH-RTI 软件、动力换挡传动系机械组件、动力换挡传动系液压组件、动力换挡传动系控制组件和载荷组件。PC2 计算机运行 HLA 运行支撑环境 BH-RTI 软件、试验管理组件和试验监控组件。PC3 计算机运行 DDS 运行支撑环境 Open DDS 软件、桥接组件和动力换挡传动系控制器组件。桥接组件及快速开发原型设备上位机软件。由于动力换挡传动系控制器组件通信接口为 CAN 接口，因此，采用 CAN 转换器连接控制器与快速开发原型设备。

快速开发原型设备可产生数字信号和模拟信号（表 9-4），实现拖拉机状态参数信号和驾驶员意图信号的模拟；同时，也可接收控制器发送的控制信号，其上位机软件可以监测控制器输入输出信号。

表 9-4　快速开发原型设备模拟信号表

信号类型	具体信号及数量	备注
开关信号	座位*1、左制动*1、右制动*1、驻车制动*1、空挡*1、前进挡*1、倒挡*1、换挡升挡*1、换挡降挡*1、舒适换挡*1、PTO轴转速切换*1	发送
脉冲信号	液压系统温度*1、压力*1、换挡离合器位置*1、制动踏板位置*1	发送
模拟信号	输入轴转速、动力换挡转速、动力换向转速、输出轴转速	发送
	电磁阀控制信号*8	接收

动力换挡传动系控制器接收到快速开发原型设备模拟的信号后，根据动力换挡传动系起步、换向、换挡控制策略，做出决策判断，输出控制信号至快速开发原型设备，快速开发原型设备将控制信号通过 Open DDS 软件、桥接组件发送至动力换挡传动系机械组件和动力换挡传动系液压组件，完成相应动力换挡传动系起步、换向、换挡动作。

利用试验管理组件制定虚拟试验流程，其他组件发布/订阅各自消息，完成试验准备工作，图 9-16 为 BH-RTI 软件完成试验准备后的试验信息显示界面。

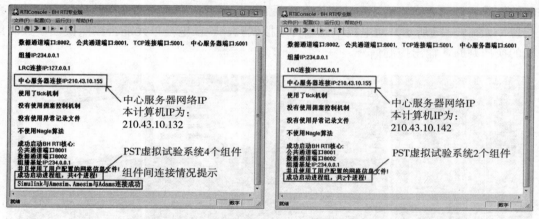

图 9-16　BH-RTI 虚拟试验信息显示界面

运行动力换挡传动系虚拟试验系统，按照试验流程文件进行虚拟试验，提高试验效率的同时试验精度得到保证。基于该平台，对离合器接合规律、起步品质及换挡品质进行虚拟试验，试验的同时也对电控单元的性能进行测试。为了验证虚拟试验的有效性，利用图 7-12 所示动力换挡传动系试验台架对动力换挡传动系性能进行相应的台架试验。

9.4.2　离合器接合规律虚拟试验分析

离合器接合规律主要指离合器在接合分离过程中转矩变化规律，是制定动力换挡传动系起步策略、换向策略及换挡策略的基础，利用动力换挡传动系虚拟试验系统配置 2 对拖拉机起步、升挡及降挡 3 种工况下的动力换挡传动系离合器接合规律进行虚拟试验。利用动力换挡传动系试验台架进行相同工况的动力换挡传动系离合器接合规律台架试验，通过对比分析虚拟试验和台架试验结果数据，验证离合器接合规律虚拟试验的有效性。

试验条件：测试挡位为 Lo 低挡，段位为 L 段，起步工况挡位为 Lo-L-I，发动机为标定工况。动力换挡传动系输入转速为 2 200r/min，输入转矩为 550N·m，动力换挡传动系液压组件压力为 22bar，载荷组件发布黏土犁耕作业动力换挡传动系前驱动轴转矩（CPF）、黏土犁耕作业动力换挡传动系最终传动半轴转矩（CPW），试验工况见图 9-17 所示。

试验方案：①动力换挡传动系虚拟试验系统配置 2 所有组件 SOM 发布/订阅消息，建立系统 FOM，生成虚拟试验 FED 文件；②在试验管理组件中，建立新试验项目，命名为动力换挡传动系离合器接合规律虚拟试验；③编辑试验流程，生成 XML 文件；④加载 XML 文件，解析试验流程，生成试验流程文件；⑤打开项目主控界面，选择控制方式为基于 LBTS，选择运行模式为正常模式；⑥点击开始，试验运行，通过试验监控组件监视试验进程；

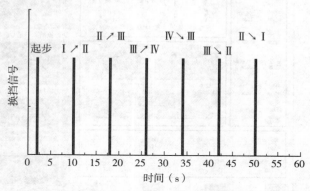

图 9-17　离合器接合规律虚拟试验工况

⑦试验结束后，通过动力换挡传动系控制组件 workspace 获取试验数据。

试验过程中，试验管理组件对试验流程、试验数据的管理，试验流程编辑、试验流程解析等各项功能均正常，图 9-18 为试验管理组件运行界面。

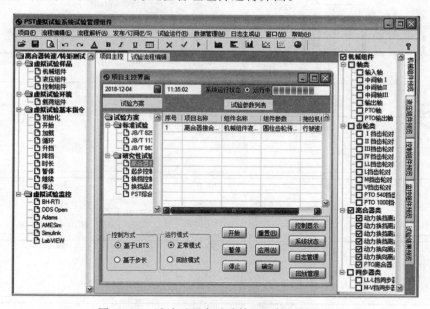

图 9-18　试验过程中试验管理组件运行界面

由于台架试验中换挡电磁阀驱动电流容易测量，且换挡电磁阀驱动电流变化能够有效反映离合器接合分离转矩变化规律。因此，虚拟试验和台架试验均通过测取换挡电磁阀驱动电流的变化，对比分析离合器接合规律。虚拟试验中起步、升降挡控制由试验监控组件中前进、升挡、降挡按钮实现，台架试验中起步、升降挡控制由换向杆和升降挡手柄按钮实现。

图 9-19 为试验过程中试验监控组件运行界面，实时地显示了试验静态和动态参数。

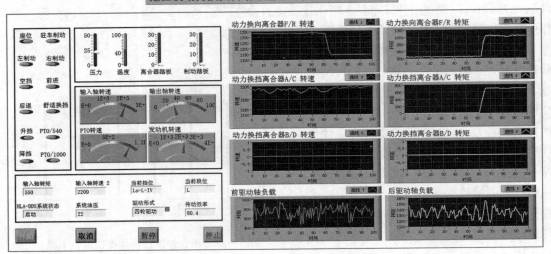

图 9-19 试验过程中试验监控组件运行界面

离合器接合规律虚拟试验和台架试验中换挡电磁阀驱动电流变化如图 9-20 所示。

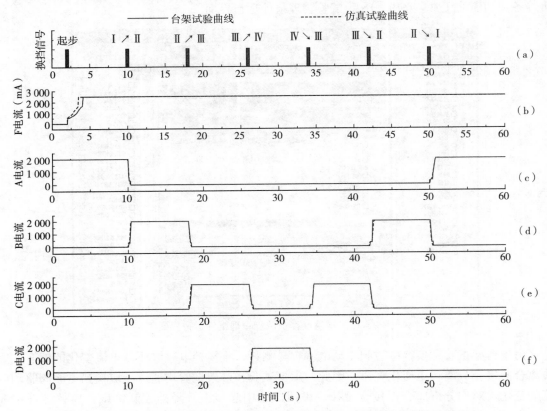

图 9-20 动力换挡传动系离合器接合规律虚拟试验与台架试验结果对比

在图9-20中，纵坐标分别表示换向离合器（F）、换挡电磁阀（A、B、C、D）电流。换向、换挡电磁阀驱动电流仿真曲线与台架试验曲线变化趋势一致。在起步工况，前进起步指令发出之前，换挡电磁阀A控制电流已经达到2 000mA，换挡离合器A已经接合，与起步策略相吻合，起步策略中要求在系统油压达到22bar时，最低挡换挡离合器接合，等待换向指令。在拖拉机静止时换挡离合器进行接合，接合时间短、接合过程无滑摩，增加了离合器的使用寿命。为了更清晰地分析换挡点处接合、分离离合器的换挡电磁阀驱动电流变化情况，截取图9-20换挡点处所涉及的两个离合器的换挡电磁阀驱动电流，如图9-21所示。

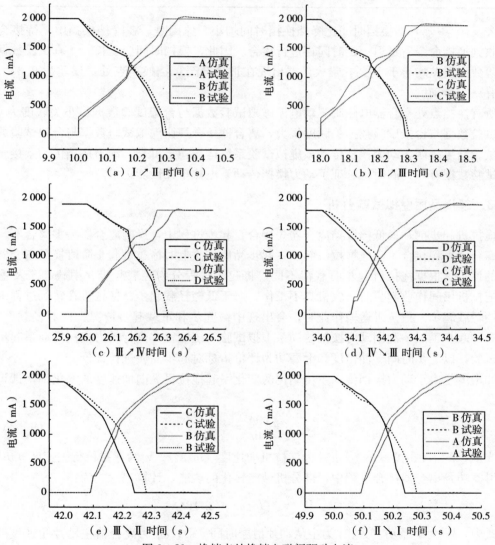

图9-21 换挡点处换挡电磁阀驱动电流

换挡时间计算式为：

$$t_s = t_{charge} + t_{set} + t_{keep} \qquad (9-24)$$

式中，t_s为换挡时间（s）；t_{charge}为充油时间（s）；t_{set}为滑摩时间（s）；t_{keep}为保持时间（s）。

所有工况换挡点处换挡时间见表 9-5 所示。

表 9-5　虚拟试验与台架试验换挡时间对比

试验方式	换挡时间（s）						
	起步	I ↗ II	II ↗ III	III ↗ IV	IV ↘ III	III ↘ II	II ↘ I
虚拟	3.55	0.29	0.29	0.29	0.35	0.35	0.36
台架	3.83	0.31	0.31	0.32	0.37	0.38	0.38
误差	7.31%	6.45%	6.45%	9.38%	5.4%	7.89%	5.26%

　　表 9-5 中，升挡换挡时间比降挡换挡时间均小。原因是，在降挡换挡中，待接合离合器在收到换挡命令后延迟一定时间再进行接合。因此，换挡时间会变长。仿真试验数据与台架试验数据误差均小于 10%，最大误差出现在 III 挡升至 IV 挡换挡点处，误差为 9.38%，数据具有一定准确度。

　　所有换挡点处离合器电磁阀驱动电流虚拟试验数据与台架试验数据最小关联度为 0.92，虚拟试验数据与台架试验数据关联度很大，离合器接合规律虚拟试验数据与台架试验数据一致。试验结果表明，动力换挡传动系虚拟试验系统运行稳定可靠，动力换挡传动系接合规律虚拟试验数据有效，同时也验证了动力换挡传动系电控单元性能正常。

9.4.3　起步品质虚拟试验分析

　　拖拉机起步前，最低挡换挡离合器先接合，起步过程中，换向离合器为主离合器，通过换向离合器平稳接合，完成拖拉机起步。起步品质实质上对拖拉机起步阶段换向离合器接合过程的评价。根据拖拉机起步时载荷不同，将起步过程分为轻载起步、中载起步及重载起步。拖拉机田间作业起步时，农机具不工作，属于低挡轻载起步；拖拉机在转场过程中，属于高挡轻载起步。拖拉机运输作业时，会出现中载起步和重载起步情况。针对轻载、中载、重载 3 种起步工况，利用动力换挡传动系虚拟试验系统配置 2 进行动力换挡传动系起步品质虚拟试验，以起步时间、冲击度和滑磨功为评价指标对起步品质进行评价。

　　冲击度是由于动力换挡传动系传动比的变化引起拖拉机纵向加速度的变化率，计算表达式为：

$$j = \frac{\mathrm{d}a}{\mathrm{d}t} = \frac{\mathrm{d}^2 V}{\mathrm{d}t^2} \tag{9-25}$$

式中，j 为冲击度（m/s^3）；a 为拖拉机加速度（m/s^2）；V 为拖拉机行驶速度（m/s）。

　　滑磨功是离合器接合过程中，部分机械能转化的热能，计算表达式为：

$$W = \int_0^t T_j (\omega_1 - \omega_2) \mathrm{d}t \tag{9-26}$$

式中，W 为滑磨功（J）；t 为主从动片滑磨时间（s）；ω_1 为离合器主动片角速度（rad/s）；ω_2 为离合器从动片角速度（rad/s）；T_j 为发动机标定转矩下离合器的转矩（N·m），计算表达式为：

$$T_j = T_e i_z \eta \tag{9-27}$$

式中，i_z 为发动机与离合器 z 间传动比；η 为发动机与离合器 z 间传动效率。

　　动力换挡传动系起步品质虚拟试验和台架试验条件设置见表9-6所示。采用与动力换挡传动系离合器接合规律虚拟试验类似的试验方案进行试验。

表9-6　动力换挡传动系起步品质试验条件设置

工况		虚拟试验				台架试验			
		前驱动轴载荷 kN·m	最终传动半轴载荷 kN·m	起步挡位	输入轴载荷 N·m	前加载载荷 kN·m	后加载载荷 kN·m	起步挡位	驱动载荷 N·m
轻载	低挡	0.75	1.5	Lo-LL-Ⅲ	550	0.75	1.5	Lo-LL-Ⅲ	550
	高挡	0.75	1.5	Hi-V-Ⅰ	550	0.75	1.5	Hi-V-Ⅰ	550
中载		3	6	Lo-L-Ⅰ	990	3	6	Lo-L-Ⅰ	990
重载		6	12	Lo-LL-Ⅰ	990	6	12	Lo-LL-Ⅰ	990

　　换向离合器F电磁阀驱动电流及拖拉机行驶速度的虚拟试验和台架试验结果如图9-22所示。

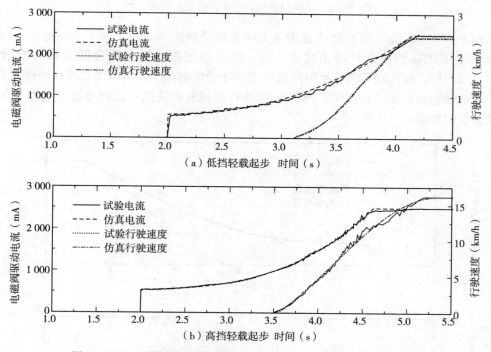

图9-22　不同挡位轻载起步换挡电磁阀F电流及拖拉机行驶速度

　　在图9-22中，拖拉机行驶速度由动力换挡传动系输出轴转速换算，计算表达式为：

$$V = (1-\delta)\pi r n/30 \qquad (9-28)$$

　　式中，δ 为滑转率；n 为动力换挡传动系输出轴转速（r/min）；r 为后轮动力半径（m）。其中，滑转率设置为15%，后轮动力半径为0.97m。

　　低挡轻载起步虚拟试验起步时间为2.2s，台架试验起步时间为2.3s；高挡轻载起步虚拟试验起步时间为2.7s，台架试验起步时间为2.8s，高挡轻载起步换向离合器滑摩时间长。

低挡轻载起步换向电磁阀 F 控制电流虚拟试验数据与台架试验数据关联度为 0.9，高挡轻载起步换向电磁阀 F 控制电流虚拟试验数据与台架试验数据关联度为 0.94，表明虚拟试验数据与台架试验数据关联度高。

虚拟试验中低挡轻载起步和高挡轻载起步冲击度如图 9-23 所示。

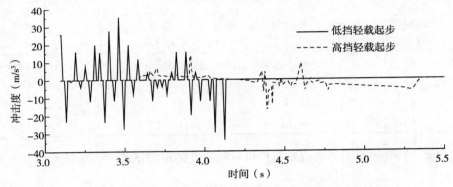

图 9-23 不同挡位轻载起步离合器接合冲击度

在图 9-23 中，高、低挡轻载起步最大冲击度分别为 -17.1m/s³、35.4m/s³，低挡位起步冲击度要比高挡位起步冲击度大。高、低挡轻载起步换向离合器 F 滑摩功分别为 19.6kJ、15.4kJ，高挡轻载起步换向离合器 F 由于滑摩时间长，滑摩功比低挡轻载起步大。

中载起步和重载起步过程中，换挡电磁阀 F 控制电流及拖拉机行驶速度的虚拟试验和台架试验结果如图 9-24 所示。

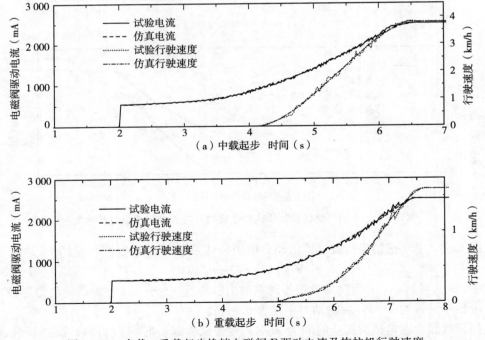

图 9-24 中载、重载起步换挡电磁阀 F 驱动电流及拖拉机行驶速度

在图 9 - 24 中，中载时，虚拟试验、台架试验起步时间分别为 4.2s、4.3s；重载时，虚拟试验、台架试验起步时间分别为 5.4s、5.4s。中载起步时，换挡电磁阀 F 控制电流虚拟试验数据与台架试验数据关联度为 0.92，重载起步时，换挡电磁阀 F 控制电流虚拟试验数据与台架试验数据关联度为 0.91，表明虚拟试验数据与台架试验数据关联度高。中载、重载起步虚拟试验冲击度如图 9 - 25 所示。

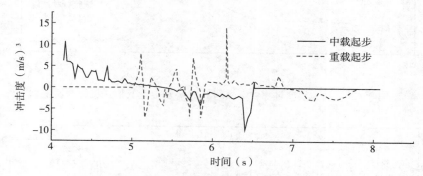

图 9 - 25　中载、重载起步换向离合器接合冲击度

在图 9 - 25 中，中载、重载起步时的最大冲击度分别为 $10.6m/s^3$、$14.1m/s^3$。中载、重载起步时换向离合器 F 滑摩功分别为 20.6kJ、38.7kJ。

动力换挡传动系起步品质试验结果表明，轻载、中载、重载 3 种起步工况下虚拟试验结果与台架试验结果一致，动力换挡传动系起步品质虚拟试验数据有效。起步时间、冲击度和滑摩功 3 个评价指标均符合设计要求。

9.4.4　换挡品质虚拟试验分析

动力换挡传动系换挡包括动力换向、动力换挡和换段，由于换段采用同步器换挡，本书不做讨论，重点利用动力换挡传动系虚拟试验系统配置 2 对动力换向品质和动力换挡品质进行试验与分析。

在动力换向过程中，换挡离合器状态保持不变，行驶速度和动力换挡传动系当前挡位不可太高。试验设置拖拉机行驶速度为 10km/h，当前挡位为 Lo - L - Ⅲ，发动机为标定工况，载荷组件发布黏土犁耕作业动力换挡传动系前驱动轴载荷（CPF）、黏土犁耕作业动力换挡传动系最终传动半轴载荷（CPW），仿真试验中通过试验监控组件中倒挡按钮发出动力换向信号，台架试验中通过换向手柄发出动力换向信号，试验中换挡电磁阀 F、R 控制电流与行驶速度变化如图 9 - 26 所示。

在图 9 - 26 中，由于换向离合器 F 接合或离合器 R 接合时，输出轴传递动力相反，因此，两个离合器不能重叠工作。当换向信号发出时，换挡电磁阀 F 控制电流在 0.3s 时间内降为零，换向离合器完全分离；同时，换挡电磁阀 R 控制电流达到 635mA，换向离合器 R 摩擦片间隙为零，但不传递转矩。当换挡电磁阀 F 控制电流降为零时，换挡电磁阀 R 控制电流在 5.5s 时间内达到最大值，完成换向。换挡电磁阀 F、换挡电磁阀 R 控制电流虚拟试验数据与台架试验数据关联度分别为 0.92、0.90，表明虚拟试验数据与台架试验数据关联度高。虚拟试验中得到的拖拉机加速度和冲击度如图 9 - 27 所示。

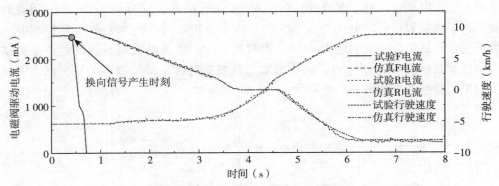

图 9-26   动力换向过程中电磁阀 F/R 驱动电流及拖拉机行驶速度

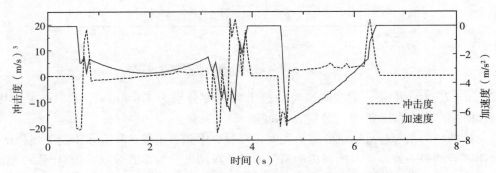

图 9-27   动力换向过程中拖拉机加速度与冲击度

在图 9-27 中，拖拉机加速度始终小于等于零，表明换向离合器 R 接合过程中传递的转矩大于拖拉机前进的惯性转矩，行驶速度在减小。动力换向过程中最大冲击度为 22.1m/s³。动力换向过程中，滑摩功主要由换向离合器 R 产生，滑摩功为 18.7kJ，换向离合器 F 滑摩功可以忽略不计。

动力换挡只有顺序换挡模式，试验设置动力换挡传动系输入轴转速如图 9-28（a）所示，挡位由 Hi-V-Ⅱ升挡至 Hi-V-Ⅲ，再由 Hi-V-Ⅲ降挡至 Hi-V-Ⅱ，载荷组件发布沙土驱动耙作业动力换挡传动系前驱动轴转矩（SDF）、沙土驱动耙作业动力换挡传动系最终传动半轴转矩（SDW）、沙土驱动耙作业拖拉机 PTO 轴转矩（SDJ），仿真试验中通过试验监控组件升挡、降挡按钮发出动力换挡信号，台架试验中通过换挡手柄按钮发出动力换挡信号，试验中动力换挡传动系最终传动半轴转速、换挡离合器 B 和 C 电磁阀驱动电流及换挡冲击度变化如图 9-28 所示。

在图 9-28 中，动力换挡传动系最终传动半轴转速在换挡点附近变化较小，说明动力换挡过程中换挡离合器 B、C 切换过程合理，没有动力中断现象发生。

动力换挡过程中最大冲击度为 3.6m/s³，升挡时，换挡离合器 B 升、降挡的滑摩功分别为 15.4kJ、16.2kJ，换挡离合器 C 升、降挡的滑摩功分别为 15.8kJ、15.3kJ。对动力换挡传动系最终传动半轴转速虚拟试验数据与台架试验数据进行经验模态分解，虚拟试验数据得到 4 阶 IMF 分量，台架试验数据得到 5 阶 IMF 分量，计算得到的 4 个 TIC 值分别为 0.12、

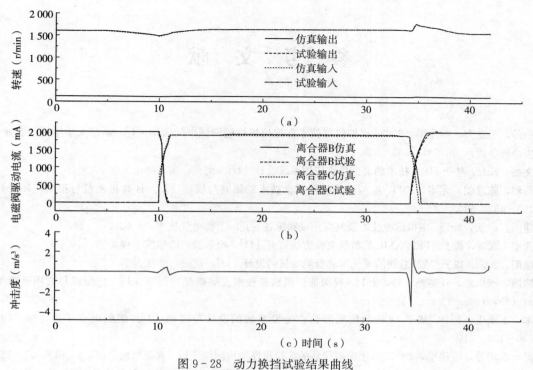

图9-28 动力换挡试验结果曲线

0.13、0.18、0.12，TIC 平均值为0.137 5，小于0.25，表明虚拟试验数据与台架试验数据具有一致性。

通过多项动力换挡传动系性能的虚拟试验，均得到了与台架试验一致的试验结果，动力换挡传动系虚拟试验系统功能和性能得到了验证，表明动力换挡传动系虚拟试验系统能够用于对动力换挡传动系性能进行评价，且评价结果有效可信。

参 考 文 献

鲍一丹，王立大，蔡建平，2003. 虚拟仪器技术在拖拉机性能测试中的应用 [J]. 浙江大学学报（农业与生命科学版），29（3）：335-338.

曹文杰，2015. 基于 HLA 技术的虚拟仿真应用系统设计 [D]. 南京：南京邮电大学.

杜承烈，陈进朝，尤涛，2011. 虚拟试验软件平台技术的研究与展望 [J]. 计算机测量与控制，19（3）：490-492，530.

段建国，徐欣，2015. 虚拟试验技术及其应用现状综述 [J]. 上海电气技术，8（3）：1-12.

付秀娟，2009. 基于 STEP/XML 的数据交换方法研究 [D]. 哈尔滨：哈尔滨工程大学.

桂旭阳，2004. 基于 CAN 总线的摩托车底盘测功机的设计 [D]. 杭州：浙江大学.

郭晓博，李京忠，任越光，等，2014. 我国拖拉机试验技术发展概况与展望 [J]. 拖拉机与农用运输车，41（1）：1-3.

韩军，王永生，2018. 基于 DDS 的传感器数据分发系统的设计与实现 [J]. 舰船电子工程，38（10）：130-133，215.

何勇，李增芳，蔡建平，2004. 基于虚拟仪器的拖拉机性能检测仪 [J]. 农业机械学报，35（1）：90-92.

胡腾飞，2013. 虚拟试验使能支撑框架优化技术研究与实现 [D]. 长沙：国防科学技术大学.

胡志龙，郭勇，2014. 汽车行驶阻力系数测量方法 [J]. 汽车工程师（9）：50-51.

华博，朱忠祥，宋正河，等，2010. 基于虚拟现实的拖拉机试验场景建模技术研究 [J]. 农机化研究（3）：41-44.

吉玉洁，吴萌，2019. 基于 UML 的舰载雷达侦察设备建模方法 [J]. 指挥控制与仿真，41（4）：42-45.

李聚波，邓效忠，徐爱军，等，2010. 基于 XML 与 Web 服务的齿轮制造信息的共享与集成 [J]. 农业工程学报，26（7）：169-174.

李犁，肖田元，马成，等，2012. 复杂产品协同仿真中基于范畴论的语义本体集成 [J]. 清华大学学报，52（1）：40-46.

李忠利，闫祥海，周志立，2018. 负荷车电涡流缓速器加载控制系统研究 [J]. 西安交通大学学报，52（3）：130-135.

廖建，赵雯，彭健，等，2015. 复杂产品虚拟试验支撑框架 [J]. 计算机测量与控制，23（4）：1249-1252.

刘宏新，王登宇，郭丽峰，等，2019. 先进设计技术在农业装备研究中的应用分析 [J]. 农业机械学报，50（7）：1-18.

刘营，张霖，赖李媛君，2018. 复杂系统仿真的模型重用研究 [J]. 中国科学：信息科学，48（7）：743-766.

刘宇希，郑程，2015. 连杆用 20CrMnTi 钢根据疲劳 S-N 曲线进行安全性设计的探讨 [J]. 理化检验（物理分册），51（6）：402-405，409.

卢秉福，韩卫平，朱明，2015. 农业机械化发展水平评价方法比较 [J]. 农业工程学报，31（16）：46-49.

路强，翟保庆，费明浩，等，2009. 虚拟试验技术在拖拉机试验中的研究 [J]. 拖拉机与农用运输车，36（6）：48-50.

彭健，赵雯，章乐平，等，2017. 虚拟试验支撑框架 VITA 研究与实现 [J]. 计算机测量与控制，25（8）：289-293.

祁亚兰，2019. 拖拉机变速箱动力换挡技术特点及方式研究 [J]. 农机使用与维修（3）：119 – 120.

尚书旗，杨然兵，殷元元，等，2010. 国际田间试验机械的发展现状及展望 [J]. 农业工程学报，26（13）：5 – 8.

史伟伟，2017. 基于快速原型的汽车底盘测功机加载系统研究 [D]. 洛阳：河南科技大学.

宋慧波，2015. 基于 HLA 的多学科虚拟试验系统的设计与实现 [D]. 北京：北京工业大学.

孙迎春，2013. 农业机械虚拟试验交互控制系统研究初探 [J]. 中国农业信息（23）：189.

王安吉，2018. 基于虚拟仪器的制动性能试验台测力滚轮测试系统设计 [D]. 成都：西南交通大学.

王东青，2014. 拖拉机负载换挡变速箱性能的研究 [D]. 北京：中国农业大学.

王栋，董建梅，张金辉，2019. 动力换挡拖拉机 Hi - Lo 离合器应用特点 [J]. 农业工程，9（5）：11 – 13.

王菲，2014. 基于虚拟现实的自走式农业机械试验方法研究 [D]. 北京：中国农业大学.

王娟，吕新民，廖宇兰，等，2010. 虚拟样机技术及其在拖拉机变速器中的应用 [J]. 农机化研究（3）：189 – 192.

王立大，2004. 基于网络化虚拟仪器技术的拖拉机综合性能检测系统研究 [D]. 杭州：浙江大学.

王世魁，2010. 虚拟试验支撑平台试验流程设计及运行控制软件开发 [D]. 哈尔滨：哈尔滨工业大学.

王兴伟，2016. 147～221kW 国外拖拉机技术特点及发展趋势 [J]. 拖拉机与农用运输车，43（5）：6 – 10.

吴媞，刘鹏飞，张小龙，2016. 拖拉机经济性虚拟综合测试系统设计与试验 [J]. 农业机械学报，47（3）：117 – 123.

席志强，周志立，2015. 拖拉机自动变速器应用现状与技术分析 [J]. 机械传动，39（6）：187 – 195.

席志强，周志立，张明柱，等，2014. 动力换挡自动变速器在拖拉机上的应用技术分析 [J]. 机械设计与研究，30（2）：140 – 143.

席志强，周志立，张明柱，等，2016. 拖拉机动力换挡变速器换挡特性与控制策略研究 [J]. 农业机械学报，47（11）：350 – 357.

谢斌，李静静，鲁倩倩，等，2014. 联合收割机制动系统虚拟样机仿真及试验 [J]. 农业工程学报，30（4）：18 – 24.

谢斌，武仲斌，毛恩荣，2018. 农业拖拉机关键技术发展现状与展望 [J]. 农业机械学报，49（8）：1 – 17.

熊光楞，郭斌，陈晓波，等，2004. 协同仿真与虚拟样机技术 [M]. 北京：清华大学出版社.

熊光楞，李伯虎，柴旭东，2001. 虚拟样机技术 [J]. 系统仿真学报，13（1）：114 – 117.

徐立友，张洋，刘孟楠，2017. 拖拉机传动特性研究现状 [J]. 农机化研究（12）：224 – 230.

闫祥海，周志立，贾方，2019. 拖拉机动力输出轴动态转矩载荷谱编制与验证 [J]. 农业工程学报，35（19）：74 – 81.

阎楚良，杨方飞，张书明，2004. 数字化设计技术及其在农业机械设计中的应用 [J]. 农业机械学报，35（6）：211 – 214.

阎楚良，王公权，1982. 雨流计数法及其统计处理程序研究 [J]. 农业机械学报，13（4）：88 – 101.

杨超峰，2010. 虚拟样机技术在拖拉机造型中的应用研究 [D]. 洛阳：河南科技大学.

杨方飞，阎楚良，2011. 基于视景仿真的联合收获机虚拟试验技术 [J]. 农业机械学报，42（1）：79 – 83.

杨文兵，朱元昌，冯少冲，2013. 基于本体的 HLA 对象模型生成方法 [J]. 系统仿真学报，25（9）：2001 – 2007.

杨志波，刘沛，张举鑫，等，2019. 拖拉机深松机组匹配田间试验方法探讨及测试 [J]. 拖拉机与农用运输车，46（2）：12 – 14，19.

叶新，潘清，董正宏，2014. 多领域建模仿真方法综述 [J]. 软件，35（3）：233 – 236.

尹桥宣，段斌，康灿平，等，2016. 基于 HLA/Agent 的能源系统与信息通信系统联合仿真设计 [J]. 电力系统自动化，40（17）：22 – 29.

郁飞鹏,贾鸿社,2006. 基于 LabVIEW 的车辆动力换挡变速箱测试系统 [J]. 河南科技大学学报(自然科学版),27 (3):15-17.

苑严伟,张小超,吴才聪,等,2011. 农业机械虚拟试验交互控制系统 [J]. 农业机械学报,42 (8):149-153.

岳明明,2014. 大功率拖拉机传动系试验技术研究 [J]. 拖拉机与农用运输车,41 (1):11-14,18.

岳明明,刘耀,杨卫平,等,2014. 基于英飞凌 TC1 766 的动力换挡拖拉机控制系统研究 [J]. 拖拉机与农用运输车,41 (6):20-25.

岳玉娜,吴艳,2019. 面向综合性能评估的特种车辆虚拟试验应用系统设计与实现 [J]. 汽车工程学报,9 (1):43-51.

曾国军,李小昱,王为,等,2006. 基于虚拟仪器技术的声强法识别拖拉机噪声源 [J]. 农业工程学报,22 (10):117-121.

翟志强,朱忠祥,杜岳峰,等,2017. 基于虚拟现实的拖拉机双目视觉导航试验 [J]. 农业工程学报,33 (23):56-65.

臧宇,朱忠祥,宋正河,等,2010. 农业装备虚拟试验系统平台的建立 [J]. 农业机械学报,41 (9):70-74.

张峰,2015. 航天产品性能样机分布式协同建模与仿真技术研究 [D]. 西安:西北工业大学.

张霖,周龙飞,2018. 制造中的建模仿真技术 [J]. 系统仿真学报,30 (6):1997-2012.

张攀,张学义,李波,等,2017. 拖拉机自动变速器发展现状与趋势探讨 [J]. 农机化研究 (11):217-222.

张文华,2015. 基于虚拟样机技术的轮式拖拉机侧倾稳定性研究 [D]. 南京:南京农业大学.

张小龙,井梅,刘鹏飞,等,2017. 拖拉机电性能虚拟综合测试系统设计与试验 [J]. 农业机械学报,48 (4):97-102.

张小龙,盛丹丹,夏萍,等,2013. 拖拉机导航作业中虚拟无线通信系统 [J]. 农业机械学报,44 (4):190-195.

张志鹤,史璐莎,张斌,等,2017. 一种基于 DDS 与 HLA 的实时性联合仿真系统 [J]. 电子设计工程,25 (10):26-30.

朱明,陈海军,李永磊,2015. 中国种业机械化现状调研与发展分析 [J]. 农业工程学报,31 (14):1-7.

朱双华,2015. 基于虚拟化的大规模试验环境构建技术研究 [D]. 南京:东南大学.

朱思洪,朱星星,邓晓亭,等,2011. 拖拉机动力换挡变速箱液压系统动态特性试验研究 [J]. 南京农业大学学报,34 (5):133-138.

朱思洪,朱永刚,朱星星,等,2011. 大型拖拉机动力换挡变速箱试验台 [J]. 农业机械学报,42 (4):13-16,38.

祝青园,王书茂,康峰,等,2008. 虚拟仪器技术在农业装备测控中的应用 [J]. 仪器仪表学报,29 (6):1333-1338.

邹宇,宫秀良,程博,等,2015. 固体火箭发动机虚拟试验技术初探和应用 [J]. 计算机测量与控制,23 (8):2749-2752.

AKKAYA,ALI,2014. HLA based architecture for molecular communication simulation [J]. Simulation Modelling Practice and Theory,42:163-177.

BERNARD P ZEIGLER,JAMES J NUTARO,2016. Towards a framework for more robust validation and verification of simulation models for systems of systems [J]. The Journal of Defense Modeling and Simulation:Applications,Methodology,Technology,13 (1):3-16.

BLOOR M S,MCKAY A,1995. Product and shape Representation for Virtual Prototyping [M]. Book of Virtual Prototyping:Virtual environments and the product design process,Chap Man and Hall Press.

BOHM M,STONE R,SZYKMAN S,2005. Enhancing virtual product representations for advanced design repository systems [J]. Journal of Computing and Information Science in Engineering,5 (4):360-372.

BYAGOWI A, MOUSSAVI Z, 2012. Design of a Virtual Reality Navigational (VRN) Experiment for Assessment of Egocentric Spatial Cognition [C]. Proceedings of the 36th Annual International Conference of the IEEE Engineering in Medicine and Biology Society, San Deigo, USA.

CHAOS D, CHACON J, LOPEZ O J A, et al, 2013. Virtual and Remote Robotic Laboratoty Using EJS, MATLAB and LabVIEW [J]. Sensors, 13 (2): 2595 – 2612.

DATAR M, STANCLULESCU I, NEGRUT D, 2012. A Co – simulation Environment for High – fideligy Virtual Prototyping of Vehicle Systems [J]. International Journal of Vehicle Systems Modeling and Testing, 7 (1): 54 – 72.

DEUTZ – FAHR S, 2010. Du Pont Vespel thrust washers ensure gearboxes run reliably [J]. Sealing Technology (8): 7.

EOM, YOUNG IK, 2015. Interoperable Middleware Gateway Based on HLA and DDS for L – V – C Simulation Training Systems [J]. IEMEK Journal of Embedded Systems and Applications, 10 (6): 345 – 352.

G. MOLARI, E. SEDONI, 2008. Experimental evaluation of power losses in a power – shift agricultural tractor transmission [J]. Biosystems Engineering, 100 (2): 77 – 183.

GALVAGNO E, VELARDOCCHIA M, VIGLIANI A, 2011. Analysis and simulation of a torque assist automated manual transmission [J]. Mechanical Systems and Signal Processing, 25 (6): 1877 – 1886.

GAO Y, CHEN Y, LUO D, et al, 2011. Optimization study of automatic transmission power shift schedule [C]. Mechanic Automation and Control Engineering (MACE), 2011 Second International Conference on. IEEE: 5094 – 5097.

GENE HUDGINS. The Test and Training Enabling Architecture (TENA) Overview Briefing [EB/OL]. http: //www. fi2010. org, 2008 – 1 – 12.

GÉNOVA GONZALO, LLORENS JUAN, FRAGA ANABEL, 2014. Metamodeling generalization and other directed relationships in UML [J]. Information and Software Technology, 56 (7): 718 – 726.

GEORG, HANNO, 2014. Analyzing cyber – physical energy systems: The INSPIRE cosimulation of power and ICT systems using HLA [J]. IEEE Transactions on Industrial Informatics, 10 (4): 2364 – 2373.

GIANNI F, GIAN A M, PAOLO R, 2004. Virtual prototyping of mechatronic systems [J]. Annual Reviews in Control, 28 (2): 193 – 206.

GONZALEZ D O, MARTIN – GORRIZ B, BERROCAL I I, et al, 2017. Development and assessment of a tractor driving simulator with immersive virtual reality for training to avoid occupational hazards [J]. Computers and Electronics in Agriculture, 143: 111 – 118.

HO T H, AHN K K, 2010. Modeling and simulation of hydrostatic transmission system with energy regeneration using hydraulic accumulator [J]. Journal of Mechanical Science and Technology, 24 (5): 1163 – 1175.

JODA, HAMDI, 2015. Modified primers for rapid and direct electrochemical analysis of coeliac disease associated HLA alleles [J]. Biosensors and Bioelectronics, 73: 64 – 70.

LI BAOGANG, SUN DONGYE, HU MINGHUI, et al, 2019. Coordinated control of gear shifting process with multiple clutches for power – shift transmission [J]. Mechanism and Machine Theory, (140): 274 – 291.

LIU YANBING, SUN HONGBO, FANWENHUI, et al, 2015. A parallel matching algorithm based on order relation for HLA data distribution management [J]. International Journal of Modeling, Simulation, and Scientific Computing, 6 (2): 1 – 15.

MEDANI O, RATCHEV S M, 2006. A STEP AP224 agent – based early manufacturability assessment environment using XML [J]. International Journal of Advanced Manufacturing Technology, 27 (9/10): 854 – 864.

MICHAEL JD, KYLE S, MICHAEL LC, et al, 2016. A tool for efficiently reverse engineering accurate UML class diagram [C]. IEEE International Conference on Software Maintenance and Evolution: 607 - 609.

MIKE GEISSLER, WOLFGANG AUMER, THOMAS HERLITZIUS, et al, 2011. Elektrifizierter Einzelradantrieb für Landmaschinen [C]. Antriebssysteme, Nürthingen.

MINH HOANG LIEN VO, QUANG HOANG, 2019. Transformation of UML class diagram into OWL Ontology [J]. Journal of Information and Telecommunication, 1 - 16.

MOUSAVI M, AZIZ F A, ISMAIL N, 2012. Opportunities and Constraints of Virtual Reality Application in International and Domestic Car Companies of Malaysia [C]. Proceedings of the 14th International Conference on Computer Modeling and Simulation (UKSim), Cambridge, UK.

OKUNEV, A. P., BOROVKOV, A. I., KAREV, A. S., et al, 2019. Digital Modeling and Testing of Tractor Characteristics [J]. Russian Engineering Research, 39 (6): 453 - 458.

ÖZDIKIS O, DURAK U, OGUZTUZUN H, 2010. Tool support for transformation from an OWL ontology to an HLA Object Model [C]. Proceedings of the 3rd International ICST Conference on Simulation Tools and Techniques. Belgium: ICST, 1 - 6.

PARK YUNJUNG, MIN DUGKI, 2015. HLA - DDS API Transformation for DDS Communication Based HLA Simulation [J]. Advanced Science Letters, 21 (3): 244 - 252.

RAIKWAR S, JIJYABHAU W L, ARUN KUMAR S, et al, 2019. Hardware - in - the - Loop test automation of Embedded systems for agricultural tractor [J]. Journal of the International Measurement Confederation, 133: 271 - 280.

SALA N, 2012. Virtual Reality in Architecture, in Engineering and Beyond [J]. Technology Engineering and Management in Aviation: Advancements and Discoveries: 336 - 345.

SATYAM RAIKWAR, V. K. TEWARI, S. MUKHOPADHYAY, et al, 2015. Simulation of components of a power shuttle transmission system for an agricultural tractor [J]. Computers and Electronics in Agriculture, 114: 114 - 124.

SHEN DONGKAI, 2012. Knowledge based collaborative modeling and simulation platform to design complex product [J]. Advanced Materials Research, 346: 455 - 459.

SUMILE, MARK S, 2013. Collaborative modeling & tailored simulation for course of action validation [J]. Simulation Series, 45 (7): 1 - 11.

TANELLI M, PANZANI G, SAVARESI S M, et al, 2011. Transmission control for power - shift agricultural tractors: Design and end of line automatic tuning [J]. Mechatronics, 21 (1): 285 - 297.

UIUISIK C, SEVGI L, 2012. A LabVIEW - based Analog Modulation Tool for Virtual and Real Experimentation [J]. IEEE Antennas and Propagation Magazine, 54 (6): 246 - 254.

VAHIDI B, TAHERKHANI M, 2013. Teaching Short Circuit Breaking Test on High - voltage Circuit Breakers to Undergraduate Students by Using MATLAB/SIMULINK [J]. Computer Application in Engineering Education, 21 (3): 459 - 466.

VERZICHELLI G, 2008. Development of an Aircraft and Landing Gears Model with Steering System in Modelica - Dymola [C]. In: Proceedings of the 6th International Modelica Conference. Bielefeld, Germany: The Modelica Association, 181 - 191.

XIONG ZHUANG, 2014. The design and application of aircraft flight stimulation and visualization based on HLA [J]. Applied Mechanics and Materials, 543 - 547: 3472 - 3475.

YAN XIANGHAI, ZHOU ZHILI, LI ZHONGLI, 2018. Design and Test of Wireless Communication System in Tractor Traction Performance Testing [C]. 2018 International Design Engineering Technical Conferences and Computers and Information in Engineering Conference, August 26 - 29, Quebec City, Quebec, Canada.

YANWEI YUAN, XIAOCHAO ZHANG, HUAPING ZHAO, et al, 2010. Simulation of a large - scale linear move irrigator using virtual reality technology [J]. International Journal of Agricultural and Biological Engineering, 5: 38 - 43.

YIN XIANG, LU BOYOU, 2010. Development of Tractor Slippage Virtual Test System [J]. IFAC Proceedings Volumes, 43 (26): 310 - 315.

YUNJUNG PARK, DUGKI MIN, 2014. Development of HLA - DDS wrapper API for network - controllable distributed simulation [C]. International Conference on Application of Information and Communication Technologies. IEEE, 1 - 5.

YUNJUNG PARK, DUGKI MIN, 2015. Distributed traffic simulation using DDS - communication based HLA for V2X [C]. The Seventh International Conference on Ubiquitous and Future Networks, Sapporo, Japan, 450 - 455.

YUNJUNG PARK, YUAN XUE, DUGKI MIN, 2013. Interoperable Publish/Subscribe Communication for HLA - DDS based Cyber - Physical War Simulation Systems [J]. Advances in Information Sciences & Service Sciences, 5 (4): 63.

ZHANG YANG, 2015. Intelligent affect regression for bodily expressions using hybrid particle swarm optimization and adaptive ensembles [J]. Expert Systems with Applications, 42 (22): 8678 - 8697.

ZIMMERMANN J, STATTELMANN S, VIEHL A, et al, 2012. Model - driven Virtual Prototyping for Real - time Simulation of Distributed Embedded System [C]. Proceedings of the 7th IEEE International Symposium on Industrial Embedded Systems, Karlsruhe, Germany.

附录　桥接组件代码框架文件

```
***************************************************************
// HLA 模型代码框架 //
***************************************************************
#ifndef FEDERATION _ H _ HEADER _ INCLUDED _ A2D859D4
#define FEDERATION _ H _ HEADER _ INCLUDED _ A2D859D4

//##ModelId = 5D24639A0113
class Federation
{
    //##ModelId = 5D2466AF013E
    HD _ Class create _ federation _ execution ();
    //##ModelId = 5D2466FE0351
    HD _ Class join _ federation _ execution ();
    //##ModelId = 5D246744035B
    HD _ Class register _ federation _ synchronization _ point ();
    //##ModelId = 5D2467D802D9
    HD _ Class synchronization _ point _ achieved ();
    //##ModelId = 5D24681F014F
    HD _ Class request _ federation _ save ();
    //##ModelId = 5D24687701BF
    HD _ Class request _ federation _ restore ();
    //##ModelId = 5D2468D1034B
    HD _ Class regisn _ federation _ execution ();
    //##ModelId = 5D24690301CB
    HD _ Class destroy _ federation _ execution ();
};
//##ModelId = 5D246960026B
class Federate
{
};
//##ModelId = 5D246A3B016B
class Federate _ Ambassador
{
};
//##ModelId = 5D2471550299
```

```
class Interaction
{
    //＃＃ModelId = 5D2471AA00A5
    send _ interaction ();
    //＃＃ModelId = 5D2471CB015F
    receive _ interaction ();
};
//＃＃ModelId = 5D246BFF03A3
class Interaction _ Class
{
    //＃＃ModelId = 5D246C380082
    get _ interaction _ class _ handle ();
    //＃＃ModelId = 5D246E98028E
    publishi _ interaction _ class ();
    //＃＃ModelId = 5D246EB200B5
    unpublish _ interaction _ class ();
};
//＃＃ModelId = 5D246F250228
class Object _ Attribute
{
    //＃＃ModelId = 5D24710701E1
    request _ attribute _ value _ update ();
    //＃＃ModelId = 5D24712D02B7
    update _ attribute _ values ();
};
//＃＃ModelId = 5D246AE602DC
class Object _ Class
{
    //＃＃ModelId = 5D246B3F001C
    HD _ Property get _ object _ class _ handle ();
    //＃＃ModelId = 5D246B7A02ED
    HD _ Property get _ attribute _ handle ();
    //＃＃ModelId = 5D246BA40275
    HD _ Property publish _ object _ class ();
    //＃＃ModelId = 5D246BC6032D
    HD _ Property unpublish _ object _ class ();
};
//＃＃ModelId = 5D246A0303E2
class RTI _ Ambassador
{
};
//＃＃ModelId = 5D247221016C
```

```
class HLA – DDS
{
  public:
    //##ModelId = 5D24724B0124
    mapping ();
};
********************************************************************************
// DDS 模型代码框架 //
********************************************************************************
#ifndef DOMAIN _ H _ HEADER _ INCLUDED _ A2D85DF2
#define DOMAIN _ H _ HEADER _ INCLUDED _ A2D85DF2


//##ModelId = 5D253EDF011E
class Domain
{
    //##ModelId = 5D25441B02A7
    create _ participant ();
    //##ModelId = 5D25443200B9
    delete _ participant ();
    //##ModelId = 5D25443C01B9
    lookup _ participant ();
    //##ModelId = 5D2544470231
    get _ instance ();
    //##ModelId = 5D254452037E
    set _ qos ();
    //##ModelId = 5D25445D02B0
    get _ qos ();
};
//##ModelId = 5D253F3A0390
class Domain _ Participant
{
    //##ModelId = 5D253F9500B1
    ignore _ participant ();
    //##ModelId = 5D253FC000F0
    ignore _ publication ();
    //##ModelId = 5D253FD500A8
    ignore _ subscription ();
    //##ModelId = 5D253FE4007A
    create _ publisher ();
    //##ModelId = 5D25414C0198
    create _ subscriber ();
    //##ModelId = 5D25412E0309
```

```
        delete _ publisher ();
        //# #ModelId = 5D2541770148
        delete _ subscriber ();
        //# #ModelId = 5D2541A10288
        get _ builtin _ subscriber ();
        //# #ModelId = 5D2541B703D0
        lookup _ topicdescription ();
        //# #ModelId = 5D2541EF0286
        create _ multitopic ();
        //# #ModelId = 5D2542100300
        create _ content _ filtered _ topic ();
        //# #ModelId = 5D25425102F3
        delete _ multitopic ();
        //# #ModelId = 5D2542640078
        delete _ content _ filtered _ topic ();
        //# #ModelId = 5D2542950169
        assert _ liveliness ();
        //# #ModelId = 5D2542A90329
        delete _ contained _ entities ();
        //# #ModelId = 5D2542BE0067
        ignore _ topic ();
        //# #ModelId = 5D2542D9037A
        create _ topic ();
        //# #ModelId = 5D2542EB02E9
        delete _ topic ();
        //# #ModelId = 5D2543200180
        find _ topic ();
        //# #ModelId = 5D2543330190
        get _ discovered _ participants ();
        //# #ModelId = 5D25435A00D1
        get _ discovered _ participant _ data ();
        //# #ModelId = 5D25436A02F8
        get _ discovered _ topics ();
        //# #ModelId = 5D25437803C9
        get _ discovered _ topic _ data ();
        //# #ModelId = 5D254386027A
        contains _ entity ();
        //# #ModelId = 5D25439E02BA
        get _ current _ time ();
};
//# #ModelId = 5D254EC901D0
class QoS
```

```
    {
    };
    // # # ModelId = 5D25493C001A
    class Publisher
    {
    };
    // # # ModelId = 5D25498100B6
    class Subscriber
    {
    };
    // # # ModelId = 5D2549FC015F
    class Keyed _ Topic
    {
    };
    // # # ModelId = 5D254A1D0320
    class Topic
    {
    };
    // # # ModelId = 5D254B790190
    class Listener
    {
    };
    // # # ModelId = 5D26995E002E
    class Keyed _ Instance
    {
        // # # ModelId = 5D269C4B01B0
        write _ instance ();
        // # # ModelId = 5D269C5801C7
        read _ samples ();
    };
    // # # ModelId = 5D269A6A03D0
    class Instance
    {
        // # # ModelId = 5D269C010194
        write _ instance ();
        // # # ModelId = 5D269C1C0123
        read _ samples ();
    };
    // # # ModelId = 5D2549AA0026
    class Data _ Writer
    {
    };
```

```
//##ModelId = 5D2549CB00B4
class Data _ Reader
{
};
//##ModelId = 5D254F5E0050
class DDS _ HLA
{
  public:
    //##ModelId = 5D254F8F0258
    mapping ();
};
```

图书在版编目（CIP）数据

拖拉机动力换挡传动系虚拟试验体系构架技术／闫
祥海著. —北京：中国农业出版社，2023.5
ISBN 978-7-109-30468-0

Ⅰ.①拖…　Ⅱ.①闫…　Ⅲ.①拖拉机—自动变速装置
—研究　Ⅳ.①S219.03

中国国家版本馆CIP数据核字（2023）第 037324 号

中国农业出版社出版
地址：北京市朝阳区麦子店街 18 号楼
邮编：100125
责任编辑：刘　伟　李　辉
版式设计：小荷博睿　　责任校对：吴丽婷
印刷：中农印务有限公司
版次：2023 年 5 月第 1 版
印次：2023 年 5 月北京第 1 次印刷
发行：新华书店北京发行所
开本：787mm×1092mm　1/16
印张：11
字数：270 千字
定价：68.00 元